TRAITÉ ÉLÉMENTAIRE

DES

MACHINES A VAPEUR

MARINES

RÉDIGÉ D'APRÈS LE PROGRAMME DU CONCOURS

POUR LE BREVET DE CAPITAINE AU LONG COURS ET DE MAITRE AU CABOTAGE

PAR A. ORTOLAN

Premier Maître mécanicien de la Marine Impériale, chargé du Cours pratique de Machines à vapeur à l'École Navale Impériale, Chevalier de la Légion d'Honneur

OUVRAGE APPROUVÉ PAR S. E. LE MINISTRE DE LA MARINE

TROISIEME ÉDITION

ATLAS

ET LÉGENDES EXPLICATIVES

PARIS

LIBRAIRIE SCIENTIFIQUE, INDUSTRIELLE ET AGRICOLE DE LACROIX ET BAUDRY

Réunion des anciennes Maisons MATHIAS et Comptoir des Imprimeurs

45, QUAI MALAQUAIS, 45

1859

Réserve du Droit de traduction.

TRAITÉ ÉLÉMENTAIRE

DES

MACHINES A VAPEUR

MARINES

RÉDIGÉ D'APRÈS LE PROGRAMME DU CONCOURS

POUR LE BREVET DE CAPITAINE AU LONG COURS ET DE MAITRE AU CABOTAGE

PAR A. ORTOLAN

Premier Maître mécanicien de la Marine Impériale, chargé du Cours pratique de Machines à vapeur à l'École Navale Impériale, Chevalier de la Légion d'Honneur

OUVRAGE APPROUVÉ PAR S. E. LE MINISTRE DE LA MARINE

TROISIÈME ÉDITION

ATLAS

ET LÉGENDES EXPLICATIVES

PARIS

LIBRAIRIE SCIENTIFIQUE, INDUSTRIELLE ET AGRICOLE DE LACROIX ET BAUDRY

Réunion des anciennes Maisons MATHIAS et Comptoir des Imprimeurs

15, QUAI MALAQUAIS, 15

1859

TABLE DES PLANCHES

PLANCHE 1.

Machine à balanciers.

Fig. 1. ÉLÉVATION. — **Fig. 2.** COUPE VERTICALE DES PARTIES INTÉRIEURES.

PIÈCES FIXES.

Le tourillon, autour duquel le balancier oscille en son milieu, est fixé dans le condenseur et la traverse.

b' (fig. 1), palier de l'arbre moteur A'.

BT, bâti, charpente en fonte supportant les organes de la machine.

C (fig. 1 et 2), cylindre à vapeur ou grand cylindre, dans lequel se meut le piston P.

— e et e' (fig. 2) sont les orifices d'admission et d'évacuation de la vapeur.

g (fig. 2), guide de la pompe à air, fixé au bâti et au cylindre P.

g (fig. 1), godet graisseur du grand cylindre.

H (fig. 1 et 2), bâche. Récipient de l'eau provenant de la condensation.

J (fig. 1), boîte à tiroir, contenant le tiroir ⊢ (fig. 2) et la vapeur que cet organe doit distribuer dans le cylindre.

kk (fig. 1), boulons de serrage des garnitures du tiroir, en chanvre. Elles isolent la vapeur à admettre dans le cylindre, de la vapeur qui doit en sortir, en même temps qu'elles maintiennent le tiroir ⊢ à frottement contre le cylindre C.

N (fig. 1), presse-étoupe, qui comprime une tresse en chanvre autour de la tige K du piston, à l'effet d'empêcher la vapeur de sortir du cylindre.

nn (fig. 2), butoirs des clapets pp du piston de la pompe à air P. Ils limitent la levée des clapets et les empêchent de prendre la position verticale dans laquelle ces obturateurs pourraient rester pendant l'ascension du piston.

P' (fig. 1 et 2), cylindre de la pompe à air.

PL (fig. 1 et 2), plaque de fondation, en fonte, fixée sur les carlingues et sur laquelle toute la machine est tenue fixement.

Q (fig. 1), pompe de cale, mue par le balancier.

R (fig. 1), pompe-alimentaire destinée à alimenter la chaudière avec l'eau de condensation prise dans la bâche H.

T (fig. 1 et 2), grand tuyau de vapeur conduisant la vapeur de la chaudière dans la boîte à tiroir J.

F,E (fig. 1 et 2), orifice du tuyau T' dans la boîte à tiroir.

t (fig. 2), tuyau de trop-plein ou tuyau de décharge des bâches par lequel la pompe à air P refoule au dehors l'eau provenant de la condensation.

U (fig. 2), boîte à étoupe. L'ensemble de la boîte et du presse-étoupe N porte le nom de presse-étoupe.

V (fig. 2), tuyau d'injection par où l'eau du dehors arrive dans le condenseur Y. Ce tuyau est muni à l'extérieur du condenseur d'une vanne ou d'un robinet au moyen duquel on règle la quantité d'eau à introduire dans le récipient pour condenser la vapeur.

Y (fig. 2), condenseur.

Z' (fig. 1 et 2), tuyau ou conduit d'évacuation au condenseur pour le haut du cylindre.

PIÈCES MOBILES.

A (fig. 1), balancier.

A' (fig. 1), arbre moteur ou arbre de couche sur lequel sont fixés le disque des roues q et la manivelle f.

a' (fig. 1), arbre du tiroir.

a (fig. 1), taquet de l'excentrique.

B' (fig. 2), tige du tiroir.

bb' (fig. 1), butoirs. Ils sont fixés sur l'arbre, et lorsque celui-ci tourne, l'un ou l'autre butoir vient rencontrer le chariot de l'excentrique par le taquet a et entraîne dans son mouvement; b, butoir de la marche en avant; b', butoir de la marche en arrière.

c (fig. 1), manivelle ou guide du parallélogramme (voir la lettre S).

D (fig. 1), levier à main de mise en marche. Il sert à manœuvrer le tiroir à main lorsque la machine étant stoppée, le mouvement ne saurait être donné par elle au tiroir ⊢.

d (fig. 1), traverse du piston. L'ensemble de la tige K et de la traverse d est nommé Té du piston à vapeur.

d' (fig. 1), déclancheur. Son emploi est de séparer, de déclancher la bielle E de l'excentrique du bouton du levier D, afin de pouvoir manœuvrer le tiroir à la main.

E (fig. 1), bielle d'excentrique mise en mouvement de va-et-vient par le collier d'excentrique I.

c (fig. 1), traverse de la grande bielle. L'ensemble de la grande bielle G et de sa traverse est nommé grand Té ou Té renversé.

f (fig. 1), manivelle de l'arbre moteur A'.

G (fig. 1), grande bielle. Elle oscille sur le tourillon extrême du balancier, et elle transmet le mouvement oscillant alternatif du balancier en mouvement circulaire continu à la manivelle f.

I (fig. 1), collier d'excentrique dans lequel tourne à frottement le chariot o. La bielle E fixée au collier reçoit par lui un mouvement de va-et-vient qui donne lieu au mouvement ascendant et descendant du tiroir par l'intermédiaire des leviers I et X.

h (fig. 2), clapet de pied ou clapet de condenseur.

I (fig. 2), soupape de purge ou reniflard, destiné à s'ouvrir sous la pression de la vapeur qui chasse au dehors de la machine l'eau et l'air contenus dans le condenseur, le cylindre, etc., lorsqu'on purge avant de mettre en marche.

J (fig. 2), piston de la pompe à air mû par le balancier A à l'aide de la tige K' de la bielle M et de sa traverse.

K (fig. 1 et 2), tige du grand piston P'.

K' (fig. 2), tige du piston de la pompe à air.

L (fig. 1 et 2), boîte alimentaire communiquant avec la pompe alimentaire R, l'intérieur de la bâche et la chaudière. Par la boîte alimentaire se fait le mouvement de l'eau destinée à la chaudière, et prise dans la bâche H.

l (fig. 1), manivelle de l'arbre du tiroir.

M (fig. 1), bielle de la pompe à air.

m (fig. 1), menotte du grand Té ou bielle latérale reliant la traverse e au balancier.

m (fig. 2), clapet de tête ou clapet de bâche.

o (fig. 1), chariot d'excentrique tournant à frottement dans le collier I et sur l'arbre A' jusqu'à la rencontre de l'un des butoirs b,b'; l'arbre entraîne alors ce chariot dans son mouvement, et celui-ci, en raison de son excentricité, communique un mouvement de va-et-vient à la bielle E.

P (fig. 1 et 2), cylindre de la pompe à air. Cette pompe fait le vide dans le condenseur, et enlève l'eau provenant de la condensation pour la rejeter au dehors par la bâche H et le tuyau de trop-plein t.

P' (fig. 1 et 2), grand piston ou piston à air.

pp (fig. 2), clapets du piston de la pompe.

R" (fig. 1), robinet de purge, à l'aide duquel on introduit la vapeur de la boîte à tiroir dans le condenseur pour établir le vide dans cette dernière capacité avant de mettre la machine en mouvement. L'eau et l'air, chassés par la vapeur des parties basses de la machine, sont rejetés dans la cale par le reniflard I.

S (fig. 1), tringle du parallélogramme. Le parallélogramme, formé par les quatre côtés B,S,Z,A, toujours parallèles deux à deux, a pour but de maintenir la tige du piston K dans un mouvement rectiligne, suivant l'axe du cylindre, pendant le mouvement du piston.

s,s (fig. 1), cette lettre désigne le tiroir attaché à la tige B'. Le tiroir distribue la vapeur dans le cylindre, ou lui ouvre un passage au condenseur, en découvrant dans la bâche H et le tuyau de trop-plein t.

X (fig. 1), contre-poids du tiroir.

Z (fig. 1), bielle du parallélogramme (voir la lettre S).

(Voir pour le [...] de la [...] et le mouvement d'ensemble des organes 1, 2, 95 et les suivants, page 11. — Pour le mouvement du tiroir, voir p. 20, fig. [...])

Fig. 1.

Fig. 2.

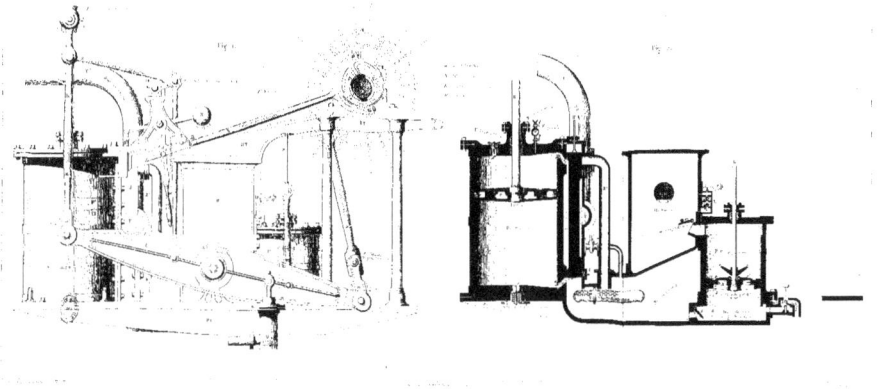

Machine à connexion directe, à hélice.

COUPE TRANSVERSALE

EMPLOI DE LA VAPEUR.

Par le tuyau d'admission F, la vapeur arrive de la chaudière dans la boîte à tiroir J. Le tiroir T', en glissant horizontalement, tantôt dans un sens, tantôt dans le sens opposé, sur le côté du cylindre où sont situés les orifices *oo'*, ouvre ou ferme ces orifices tantôt à l'admission, en les faisant communiquer avec la boîte à tiroir J remplie de vapeur, tantôt à l'évacuation par le passage D, en les faisant communiquer avec le condenseur Y, où se précipite la vapeur qui a agi pour faire marcher le piston B dans un sens, de droite à gauche par exemple. Cette vapeur deviendrait un obstacle, lorsque le piston doit rétrograder, si elle restait dans le cylindre. Le piston obéit ainsi à un mouvement rectiligne alternatif, que les organes de transmission du mouvement de la machine transmettent en mouvement circulaire continu à l'arbre A' qui porte l'hélice. Dans la figure, l'orifice *o'* est ouvert au condenseur Y; la vapeur qui a poussé le piston de droite à gauche s'y précipite en passant par l'intérieur du tiroir T', par l'orifice D et par le tuyau d'évacuation F'.

Dans le condenseur la vapeur est en contact direct avec l'eau d'injection, ou plutôt elle est pénétrée par l'eau d'injection qui arrive du dehors par les crépines *u'u'* que porte le tuyau d'injection V; elle se condense, et l'eau provenant de la condensation et de l'injection est renvoyée au dehors par la pompe à air P, en passant par la bâche H et par le tuyau de trop-plein *t*. Pendant que ceci se passe ainsi du côté droit du piston, le tiroir T', en marchant horizontalement de droite à gauche, va découvrir à l'admission l'orifice *o*; une nouvelle vapeur s'introduira dans le cylindre du côté gauche du piston B, et fera marcher ce piston de gauche à droite, et ainsi de suite.

TRANSMISSION DU MOUVEMENT.

Le piston B, en marchant dans le cylindre sous la pression de la vapeur, agit par sa tige K sur la grande bielle G articulée sur la traverse *d* du piston et sur la manivelle *f*; la manivelle *f* reçoit par cet intermédiaire un mouvement circulaire continu qu'elle transmet à l'arbre A' qui porte l'hélice HL à son extrémité prolongée. Le mouvement est donné au tiroir par la machine elle-même, et de la matière indiquée dans les paragraphes 372, 374, p. 131.

LÉGENDE EXPLICATIVE.

PIÈCES FIXES.

BT, bâti.

b',b', butoirs des clapets de bâche et des clapets de condenseur.

C, cylindre à vapeur ou grand cylindre.

C'C', chambres d'aspiration et de refoulement de la pompe à air P.

D, orifice d'évacuation au condenseur, communiquant avec le tuyau F' qui passe derrière la boîte à tiroir J.

F F, F₂, tuyau de vapeur ou tuyau d'admission aboutissant dans la boîte à tiroir J et par le côté de cette boîte.

F', F', tuyau d'évacuation au condenseur communiquant avec l'orifice d'évacuation D.

g,g', glissières ou coulisseaux de la traverse *d* du piston dans lesquelles la tige est guidée pendant sa course.

g', godet graisseur du piston.

H, bâche.

J, boîte à tiroir.

o,o', orifices du cylindre pour l'admission et l'évacuation de la vapeur.

P, corps de pompe de la pompe à air.

1,2, boulons du compensateur qui isole une certaine portion de la surface du tiroir du contact de la vapeur, afin de diminuer le frottement de cet organe sur la plaque du cylindre.

t, tuyau d'évacuation ou tuyau de trop-plein de la bâche.

u'u', crépines ou pommes d'arrosoir, par où l'eau d'injection se distribue en pluie dans le condenseur.

V, tuyau d'injection.

y,y', condenseur.

PIÈCES MOBILES.

A, tourillon ou soie de la manivelle *f*.

A', arbre moteur.

B', tringle à crémaillère pour la manœuvre du tiroir à la main.

B'', manivelle de la tringle B'.

B''', manivelle de la petite bielle de suspension S'.

d, coupe de la traverse de la tige du piston; la traverse porte à son extrémité un coussinet de glissement *l* guidé dans la glissière *gg'*.

d', doigt de conduite du tiroir.

E, bielle de l'excentrique pour la marche en avant.

E', bielle de l'excentrique pour la marche en arrière.

f, manivelle de l'arbre moteur A'.

G, grande bielle.

HL, hélice fixée sur le prolongement de l'arbre A'.

H²,H², colliers des excentriques.

I, piston de la pompe à air.

i, vanne ou registre de l'injection.

j', joint mobile du tuyau d'évacuation.

K, tige du grand piston.

K', tige de la pompe à air.

L', arbre du tiroir.

l, coussinet de glissement de la traverse *d* du piston.

M, manivelle de l'arbre du tiroir L'.

M', roue de mise en marche à la main.

m,m', clapets de condenseur.

n,n', clapets de bâche.

O, chariot de l'excentrique pour la marche en avant.

O', chariot de l'excentrique pour la marche en arrière.

Q, coussinet mobile dans le secteur S, il est articulé à la manivelle M de l'arbre L' du tiroir; la manivelle est ainsi commandée par le secteur.

R', registre de vapeur.

SS, secteur de Stephenson ou coulisseau circulaire.

S', petite bielle de suspension du secteur S.

S², soupape de sûreté du cylindre.

T, tige du tiroir.

T', tiroir en coquille.

U, point de suspension du secteur S.

u, petit levier d'arrêt pour fixer la tringle B', lorsqu'au moyen de la roue M' on a levé le secteur S pour que la bielle E' de la marche en arrière commande le coussinet Q, et par suite le tiroir T. Le levier U fixe aussi la tringle B' lorsqu'on a baissé le secteur, pour que le même coussinet Q soit commandé par la bielle E de la marche en avant.

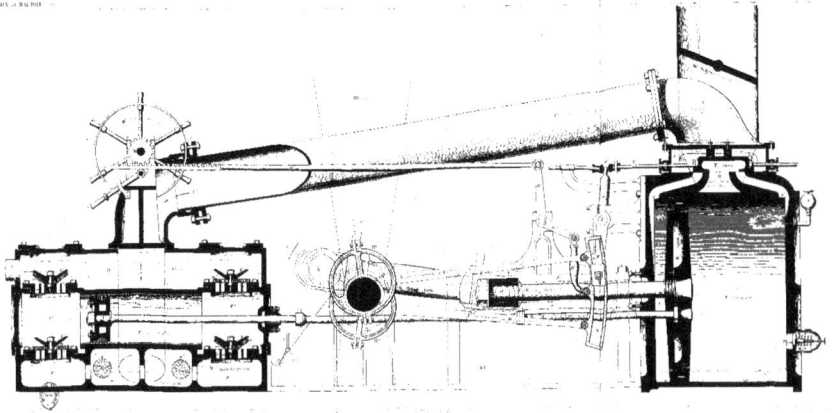

Machine à fourreau.

Fig. 1. Élévation.

Fig. 2. Coupe verticale suivant le travers du navire.

A (fig. 1 et 2), fourreau ou tige creuse du piston, dans laquelle la grande bielle G oscille sur un tourillon P fixé au fourreau.

A' (fig. 1), arbre moteur.

B (fig. 2), piston faisant corps avec le fourreau.

b (fig. 2), tringle qui communique le mouvement du piston à vapeur au piston de la pompe à air.

C (fig. 1 et 2), cylindre à vapeur.

D (fig. 1 et 2), tuyau ou conduit d'évacuation au condenseur.

E (fig. 1), bielle d'excentrique pour la marche en avant. (*Voir* ce même mouvement pl. II.)

E' (fig. 1), bielle d'excentrique pour la marche en arrière. (*Voir* ce même mouvement pl. II.)

F (fig. 1), conduit de la vapeur de la chaudière à la boîte à tiroir.

f (fig. 1 et 2), manivelle de l'arbre moteur.

G (fig. 1 et 2), grande bielle.

J (fig. 1), boîte à tiroir.

I (fig. 1), registre de l'injection.

O, O' (fig. 1), chariots d'excentrique.

q (fig. 1), coussinet de commande de la tige du tiroir.

Q' (fig. 1), pompe alimentaire, mue directement par le piston à vapeur.

Q (fig. 1), pompe de cale, mue directement par le piston à vapeur.

R (fig. 1), pignon commandé par la mise en train M, et à l'aide duquel on élève ou on abaisse le secteur S, suivant la direction de marche à donner à la machine.

S (fig. 1), secteur agissant sur le coussinet q de la tige du tiroir; il est commandé par les excentriques O, O'.

t (fig. 1 et 2), tuyau de trop-plein des bâches.

Les lettres qui ne sont pas comprises dans cette légende ont leur valeur désignative portée sur les figures mêmes. — Pour la transmission du mouvement, *voir* le § 204, p. 97.

Machine à connexion directe, cylindre vertical.

Fig. 3. — Élévation suivant la longueur du navire.

Fig. 4. — Élévation suivant le travers du navire.

(*Voir* le § 197, p. 93.)

Tiroirs.

Fig. 5. — Tiroir en D.

Le tiroir T est creux. L'évacuation du haut du cylindre a lieu par le conduit intérieur. — L'admission a lieu par les arêtes b b', la vapeur arrivant dans la boîte à tiroir par le conduit F. — La tige B' est liée à l'arbre mû par la machine. (*Voir* les § 223 et 235 et la pl. I, fig. 1.)

Fig. 6. — Tiroir cylindrique.

Les deux pistons a b, a' b' forment les bandes et sont reliés par la tige T qui reçoit son mouvement de la machine. (*Voir* les §§ 234 et 226.)

Fig. 7 et 8. — Tiroir en coquille.

L'admission a lieu par les arêtes extrêmes a a', et l'évacuation dans le conduit D par les arêtes intérieures b b'. (*Voir* les §§ 224 et 227.)

Fig. 1.

Fig. 6.

Fig. 7.

Fig. 8.

Fig. 2.

Fig. 5.

Fig. 3.

Fig. 4.

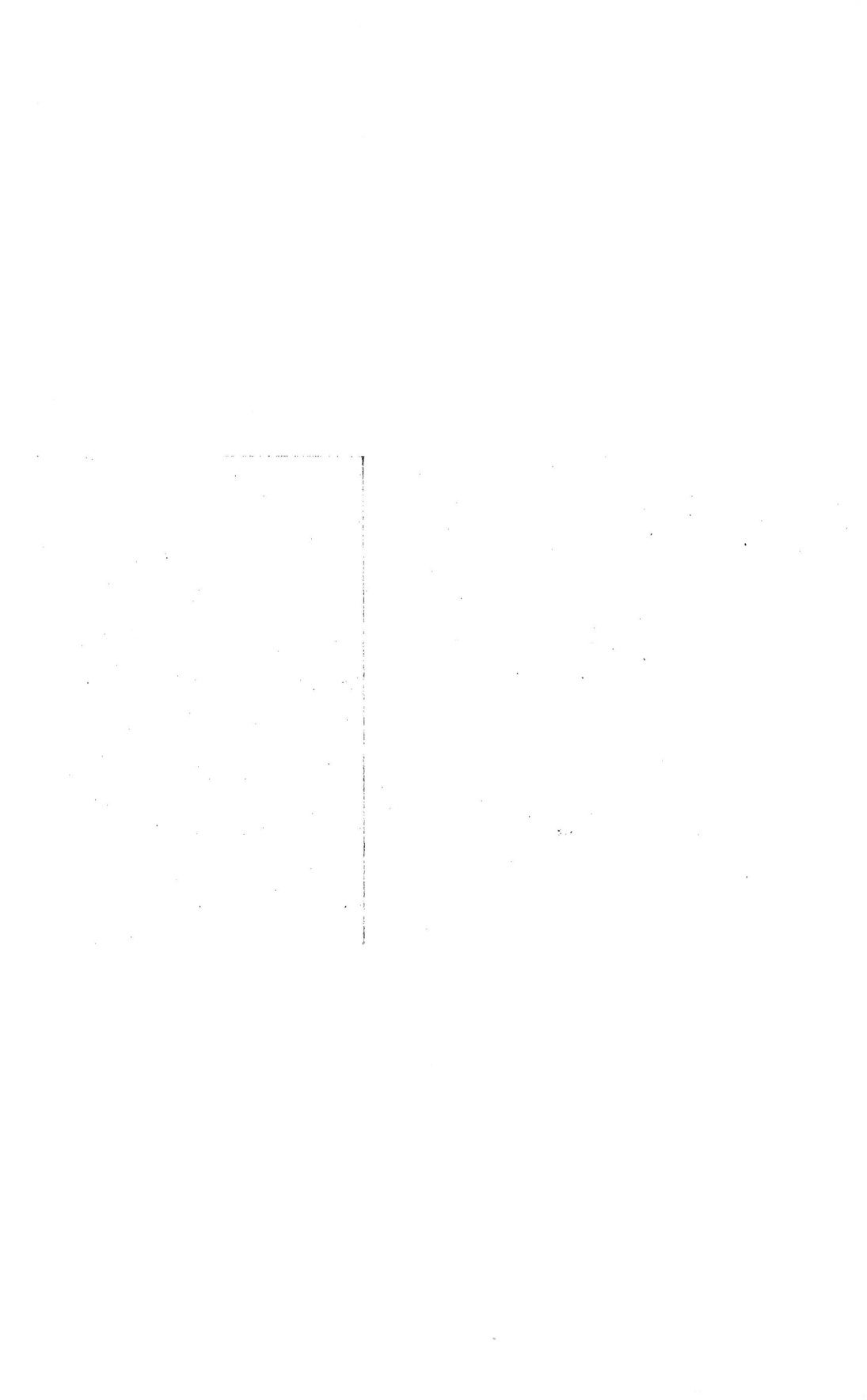

PLANCHE IV

Machine oscillante.

b b, paliers des tourillons d'oscillation (évacuation).

b' b', paliers des tourillons d'oscillation (admission).

b'' b''', paliers de la tige du piston.

C, C, cylindres à vapeur.

F, F, manchons reliés aux tuyaux d'arrivée de la vapeur.

F', F', conduits ménagés autour des cylindres, pour l'arrivée de la vapeur dans la boîte à tiroir J.

F'', F'', conduits ménagés autour des cylindres pour l'évacuation de la vapeur au condenseur.

f, f, manivelles de l'arbre moteur N.

G, G, guides de la traverse *t* du piston de la pompe à air.

h (fig. 2), soie ou tourillon des manivelles.

J, J, boîte à tiroir. Le tiroir est disposé comme celui des machines fixes; il reçoit son mouvement de l'arbre moteur, au moyen d'un excentrique et d'un secteur. Dès le début des machines oscillantes, le tiroir avait été remplacé par un robinet à quatre orifices, dont l'un des tourillons du cylindre formait la clef ou tournant. (*Voir* la pl. VII.)

K, K', tiges des pistons.

P, pompe à air. Elle est fixe et elle reçoit le mouvement par la bielle M et l'arbre moteur N.

N', U, presse-étoupe plus élevé que celui des machines à cylindre fixe, afin de servir de guide à la tige du piston.

S, S, soupapes de purge du fond des cylindres.

s, s, coussinets de glissement de la traverse de la pompe à air.

T', T', tourillons d'oscillation des cylindres, côté de l'admission.

T'', T'', tourillons d'oscillation des cylindres, côté de l'évacuation.

V, V', vilebrequin de l'arbre moteur.

Y, condenseur.

Z, plaque de fondation.

Z' (fig. 2), entablement. (*Voir* § 232, p. 96.)

Les appareils oscillants sont très-simples; la suppression de la grande bielle et des guides les rend peu encombrants et comparativement moins lourds (180 kilogrammes par force de cheval effectif).

Ces machines sont très-appropriées aux navires à roues à grande vitesse (25 révolutions par minute, yacht impérial l'*Aigle*). Mais ils ne se prêtent pas convenablement à l'hélice directement mue par l'arbre moteur, parce que les tourillons creux d'oscillation T, T', constamment chauffés par la vapeur qui y circule, s'échauffent de nouveau par le frottement, lorsque le mouvement oscillant est accéléré; au-dessus de 25 coups de piston par minute, ces appareils sont défectueux. Ceux qui sont en usage sur quelques navires à hélice : ils commandent ce propulseur par l'intermédiaire d'une roue R conjuguée avec un pignon *n* fixé sur l'arbre extérieur *a*. La poussée de l'hélice sur le navire a lieu en L. (*Voir* § 211, p. 99.)

Fig. 2. Plan

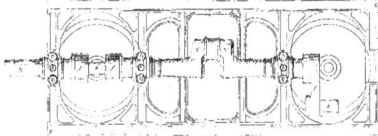

Fig. 1. Élévation

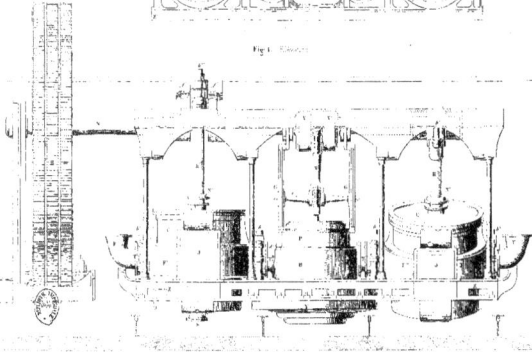

Fig. 3. Profil

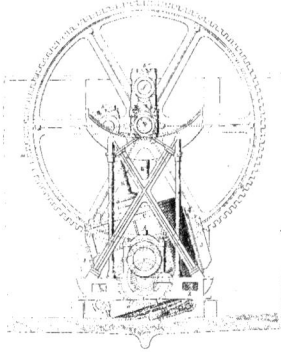

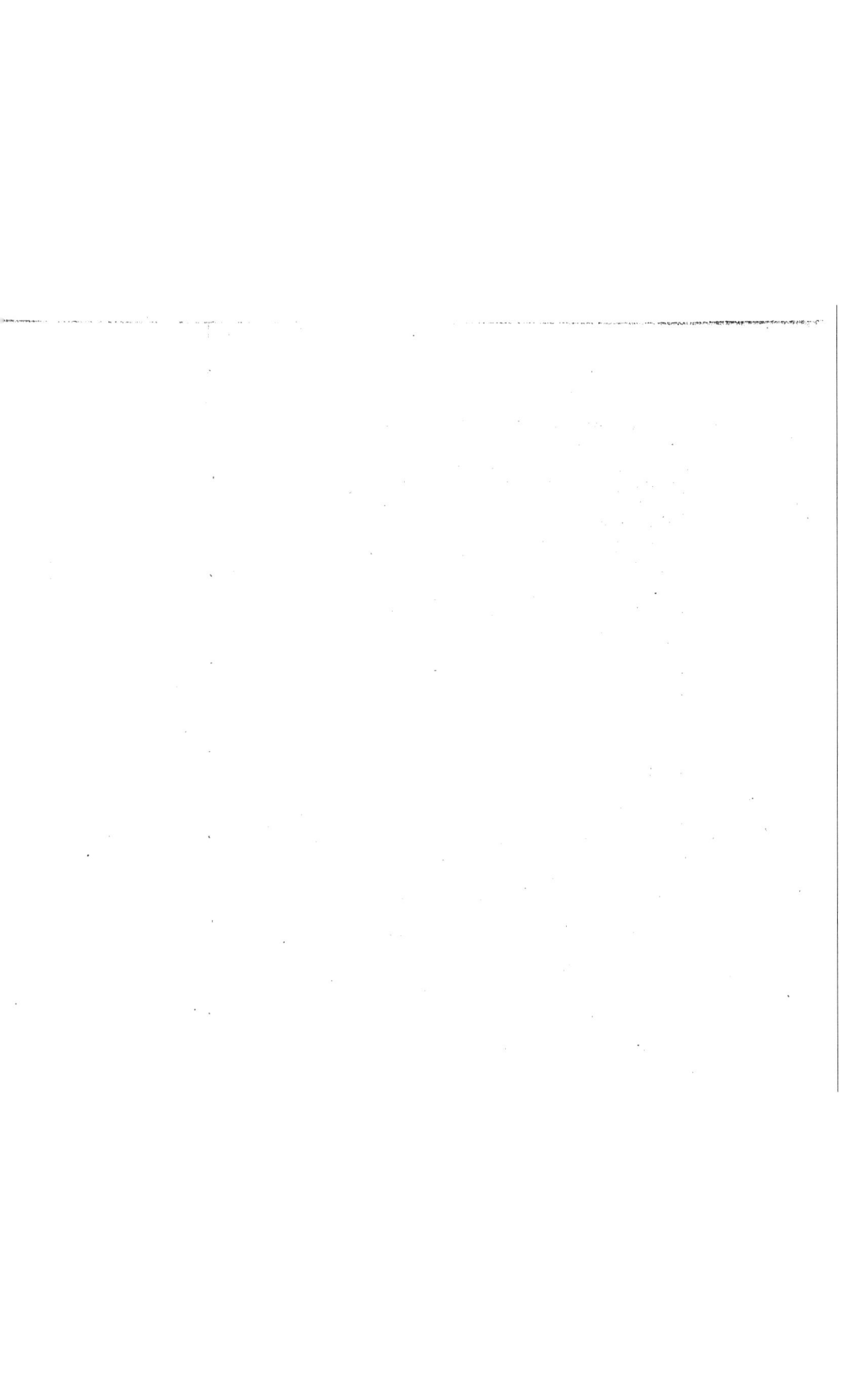

PLANCHE V

Machine à connexion directe à bielle en retour.

A (fig. 1), arbre de communication du mouvement de la machine au propulseur placé à l'extrémité prolongée de cet arbre.

A' (fig. 1 et 2), arbre moteur ou arbre de la machine.

B (fig. 1), piston à vapeur muni des deux tiges K et K'.

b, b (fig. 2), palier des arbres.

c, c' (fig. 1 et 2), cylindres à vapeur.

d (fig. 1 et 2), tourillon de la traverse d sur lequel la grande bielle est articulée.

d' (fig. 1), traverse sur laquelle agissent les deux tiges du piston; elle porte, 1° la grande bielle articulée sur le tourillon d; 2° la tige du piston P' de la pompe à air.

d" (fig. 1 et 2), registre indicateur de la détente.

E (fig. 1 et 2), conduit d'évacuation de la vapeur au condenseur.

F (fig. 1), tuyau de conduite de la vapeur venant de la chaudière.

f, f'' (fig. 1 et 2), manivelles de l'arbre moteur.

G (fig. 1 et 2), grande bielle.

g, g (fig. 1 et 2), glissières ou guides des tiges du piston.

H, H (fig. 1), bâches.

h (fig. 1), volant à l'aide duquel on écarte ou on rapproche à volonté les deux plaques i, i, du tiroir de détente pour faire varier le temps d'admission de la vapeur dans le cylindre.

l, l (fig. 1), robinets de purge des cylindres.

J (fig. 1), boîte à tiroir.

K, K (fig. 1 et 2), tiges du piston à vapeur.

m (fig. 1), levier à main du tiroir.

n (fig. 2), registre de l'injection.

o, o' (fig. 1 et 2), orifices du cylindre.

p, p' (fig. 2), orifices qui traversent le tiroir T; ils sont ouverts et fermés alternativement par les plaques i, i du tiroir de détente, lorsqu'elles fonctionnent; la vapeur contenue dans la boîte à tiroir est ainsi supprimée au cylindre avant la fermeture à l'admission par le tiroir de distribution T.

Q, Q (fig. 2), pompes alimentaires.

R (fig. 1), registre de vapeur.

s, s (fig. 1 et 2), coussinets de glissement de la traverse du piston.

S', S' (fig. 1), soupapes de sûreté des cylindres.

T (fig. 1), tiroir de distribution.

t (fig. 2), tuyau ou conduit de l'injection.

X, X' (fig. 2), chariots d'excentrique.

x, x (fig. 2), pompes de cale.

y, y', Y, Y (fig. 1 et 2), condenseurs.

(La suppression des mouvements du tiroir et de la détente variable laissent plus de clarté à ce dessin d'ensemble, particulièrement destiné à faire bien comprendre la transmission du mouvement dans la machine à bielle en retour.)

Transmission du mouvement. — La fig. 1 indique que le tiroir de distribution T ouvre à l'admission l'orifice o du cylindre, situé au-dessous du piston (le dessus du piston se dit du côté des tiges lorsque les cylindres sont horizontaux), et qu'il ouvre à l'évacuation l'orifice o' situé au-dessus du piston. Les deux tiges K et K', solidement fixées sur la traverse d', donnent le mouvement à la grande bielle G, articulée sur le tourillon d' et sur la manivelle f. La pompe à air P, la pompe alimentaire Q et à sa suite la pompe de cale x, sont mues par la traverse des tiges du piston. La portion d, de la traverse porte le nom de crosse; quelquefois on désigne ainsi l'ensemble des tiges K, K' et de la traverse.

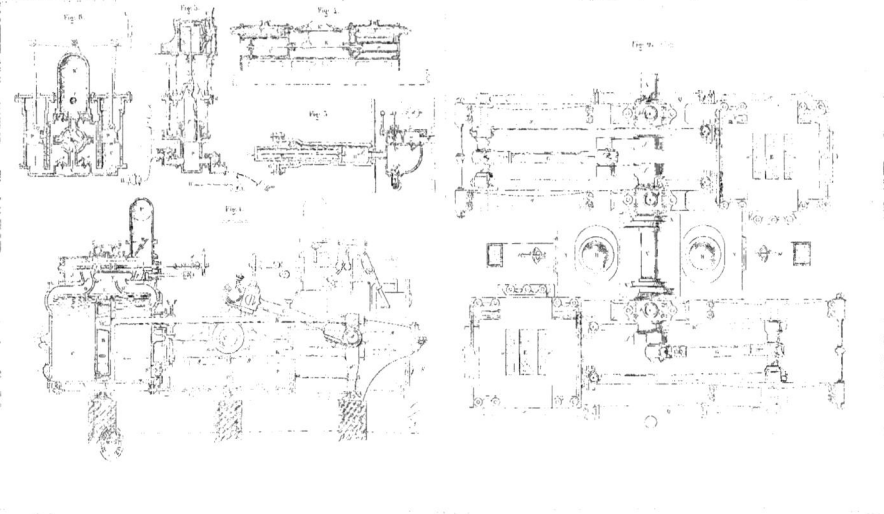

Fig. 8.   Fig. 5.   Fig. 4.

Fig. 3.

Fig. 4.

Fig. 2.

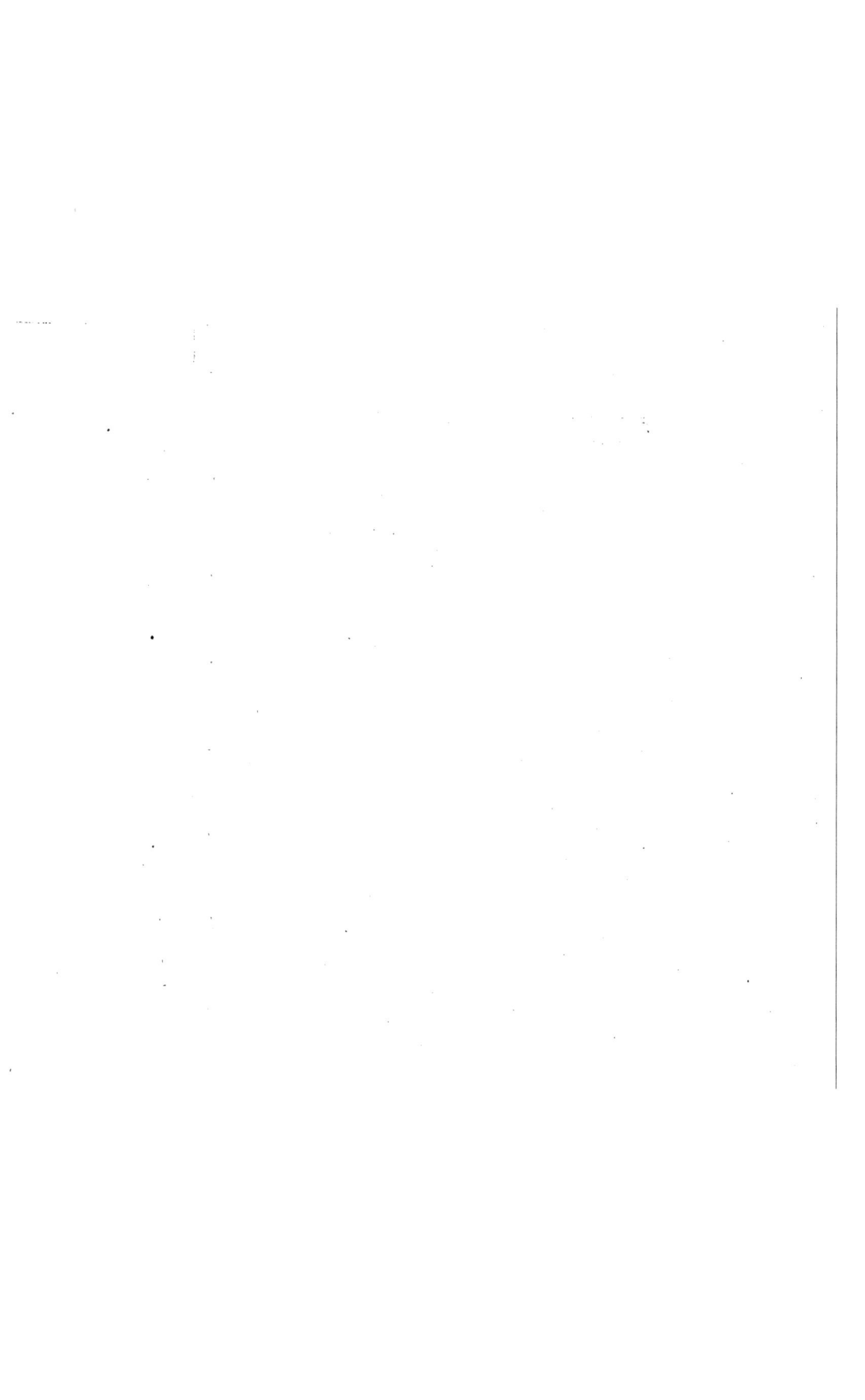

PLANCHE VI

Machine à pilon du transport mixte *la Somme*.

Fig. 1. ÉLÉVATION LONGITUDINALE. **Fig. 2.** COUPE TRANSVERSALE.

(Voir le § 207.)

EMPLOI DE LA VAPEUR.

La vapeur arrive dans la boîte à tiroir J par le tuyau T', se distribue dans le cylindre C par les orifices o,o', et s'évacue au condenseur Y par le conduit d qui entoure le cylindre, et dont l'ouverture est en D; le condenseur Y entoure la pompe à air, à laquelle il communique par les *clapets de pied ii*; il reçoit l'eau d'injection par u. La pompe à air à *simple effet* porte son piston P' les clapets pp; l'eau refoulée pendant l'ascension fait ouvrir les clapets de bâche hh, elle est rejetée dans la bâche H et elle est évacuée au dehors par le tuyau de trop-plein t.

TRANSMISSION DE MOUVEMENT.

La grande bielle G, articulée sur le piston à fourreau P et sur les manivelles ff de 'arbre moteur A, donne le mouvement à cet arbre, qui le transmet par la bielle G' : 1° au piston de la pompe à air, 2° aux excentriques E et E' du secteur S pour la marche du tiroir T, 3° à l'excentrique E" pour la détente variable, 4° et enfin à la ligne d'arbres qui commence en DS et finit au propulseur.

LÉGENDE EXPLICATIVE.

A, arbre moteur.

b, boîte de détente qui précède la boîte à tiroir J.

Dans cette boîte se meut un tiroir cylindrique qui ferme ou qui ouvre les orifices qui font communiquer la boîte J avec la vapeur; en faisant varier l'angle que forme la bielle E" avec la manivelle f de l'arbre moteur, on fait varier le temps d'ouverture et de fermeture des orifices dont il s'agit, et par conséquent on fait varier la détente.

C, cylindre à vapeur.

D, conduit d'évacuation au condenseur.

DS, disque de raccord de l'arbre moteur à la ligne d'arbres.

d, conduit d'arrivée de la vapeur dans la boîte à tiroir.

E,E', bielles d'excentriques avant et arrière.

E", bielle d'excentrique du mouvement de détente.

F, fourreau du piston à vapeur.

F', fourreau du piston de la pompe à air.

f,f, manivelles de l'arbre moteur.

f',f',' manivelles du vilebrequin de la pompe à air.

G, grande bielle.

G', bielle de la pompe à air.

H, bâche.

h,h, clapets de bâche.

i,i, clapets de condenseur.

i', compensateur du tiroir T.

J, boîte à tiroir.

L,L, colonnes supportant l'entablement.

L',L', pieds d'assises des bâtis, sur la plaque de fondation.

M, boîte alimentaire.

M, roue de mise en train.

m', petite manivelle pour la transmission de mouvement au tiroir de la machine avant.

n, manivelle qui transmet le mouvement au tiroir de détente logé dans la boîte b.

o,o', orifices du cylindre.

PL, plaque de fondation.

P, piston à vapeur.

p, clapets du piston de la pompe à air.

P', piston de la pompe à air.

Q, pompe de cale, mue directement par le piston à vapeur.

q, coussinet de la tige du tiroir, mû par le secteur S.

R, pompe alimentaire mue par le piston à vapeur S.

S, secteur ou coulisseau de Stephenson.

T, tiroir.

T', tuyau de vapeur.

t', tourillon d'oscillation de la grande bielle fixé au piston P.

t, orifice du trop-plein de la bâche.

u, orifice du tuyau d'injection dans le condenseur.

V,V', volant de l'arbre moteur.

1-2, boulons de serrage du compensateur du tiroir.

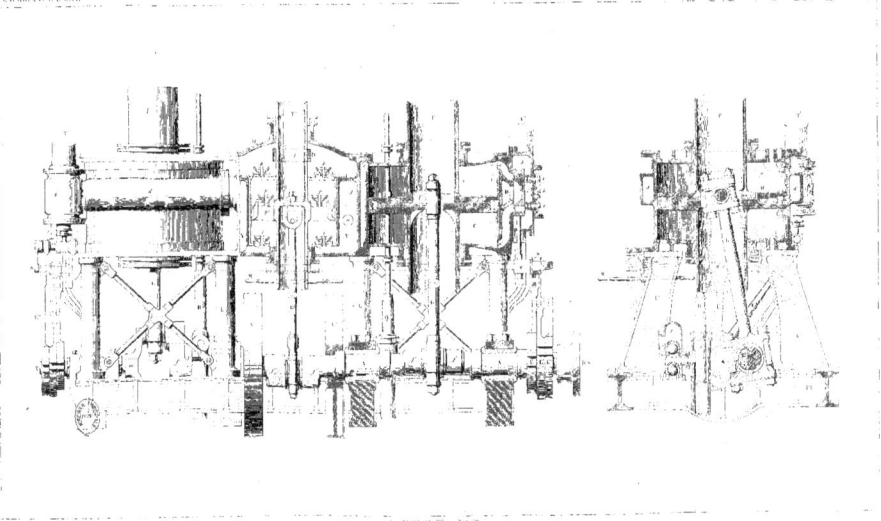

PLANCHE VII

Fig. 1. MACHINE DE WOLFF.

COUPE TRANSVERSALE.

Dans le petit cylindre C, la vapeur venant de la chaudière dans la boîte à tiroir j est distribuée par le tiroir T, comme dans une machine ordinaire; mais l'évacuation, au lieu de se faire à l'air libre ou dans un condenseur, se fait dans la boîte à tiroir j' d'un grand cylindre C', en passant par le conduit X; le tiroir T' la distribue alors dans le cylindre C', dont le volume est double ou triple du premier cylindre C, suivant que l'on veut détendre la vapeur au double ou au triple de son volume primitif. Les deux tiroirs sont installés de manière à introduire et à évacuer en même temps du même côté du piston, ainsi que l'indique la figure. — Pour le grand cylindre, l'évacuation a lieu dans un condenseur ordinaire. Les tiges K et K' des pistons agissent sur le même arbre, et la régularité du mouvement de la machine est mieux établie par ce moyen que par la détente dans la même cylindre. En effet, dans la machine de Wolff il y a toujours à peu près la même charge sur les deux pistons, puisque pendant toute la course ils reçoivent l'un et l'autre la vapeur affluente, tandis que dans la machine ordinaire la charge sur le récepteur diminue graduellement depuis le commencement de la détente jusqu'à la fin de la course.

La machine à deux cylindres est, avec raison, en grande faveur dans l'industrie, non-seulement à cause de la régularité de sa marche, mais aussi à cause de l'économie de combustible qu'elle procure lorsqu'elle est munie d'un condenseur. Malheureusement, son volume et son poids ne permettent pas jusqu'à présent de l'appliquer à la navigation.

MACHINE OSCILLANTE.

Fig. 2. — ÉLÉVATION DE LA MACHINE OSCILLANTE, primitivement employée à faire mouvoir les roues d'un bâtiment à vapeur.

Fig. 3. — COUPE DU SYSTÈME DE DISTRIBUTION DE LA VAPEUR ou distributeur à quatre orifices, inventé par Papin. (Cette figure représente sur une plus grande échelle le détail FG de la figure 2.)

DISTRIBUTION DE LA VAPEUR.

La vapeur arrive par le conduit G de la boîte FG qui est fixe, et dans laquelle oscille le tourillon T du cylindre CC'; cette vapeur, au moment où le cylindre est dans la position indiquée par la fig. 2, pénètre d'abord dans le conduit 2 creusé dans le tourillon, puisque le passage m est ouvert à ce conduit, et elle s'introduit ensuite dans la partie basse du cylindre par le conduit C'. Le piston est alors poussé de bas en haut; pendant ce temps le conduit C, qui aboutit au-dessus du cylindre, est mis en communication avec l'atmosphère par le conduit 1 et par le passage r; la vapeur qui a agi sur le cylindre s'évacue alors au dehors par le conduit F. L'oscillation du tourillon T dans la boîte FG change à chaque course du piston la communication de ces différents conduits, et par conséquent elle change aussi le jeu de la vapeur dans le cylindre.

En résumé, les orifices om de l'admission, séparés des orifices nr de l'évacuation par les cloisons $n'n''$, appartiennent les uns et les autres à la boîte fixe FG; les conduits 1,2 qui aboutissent au cylindre, appartiennent au tourillon oscillant du cylindre.

Il s'ensuit que dans ce mouvement oscillant, 2 est en communication tantôt avec m, admission, tantôt avec n, évacuation; de même que 1 est en communication tantôt avec r, évacuation, tantôt avec o, admission.

A, arbre moteur.

b, entretoise qui relie les deux guides gg de la tige du piston K.

CC' cylindre à vapeur.

E, entablement qui supporte l'arbre moteur.

FG, boîte fixe du robinet de distribution.

M, manivelle de l'arbre moteur.

P, plaque de fondation.

q, guide à galet de la tige du piston. Ce galet roule entre les deux tringles gg.

V, volant de la machine ou roues d'un navire.

PLANCHE VIII

Machine à connexion directe à cylindre fixe et horizontal.

(Voir le § 91, page 39.)

Fig. 1.

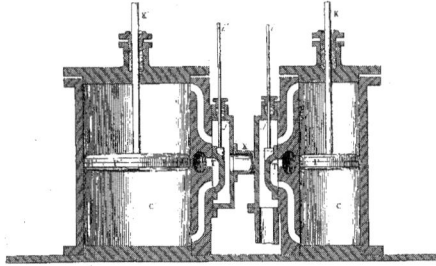

Fig. 2.   Fig. 3.

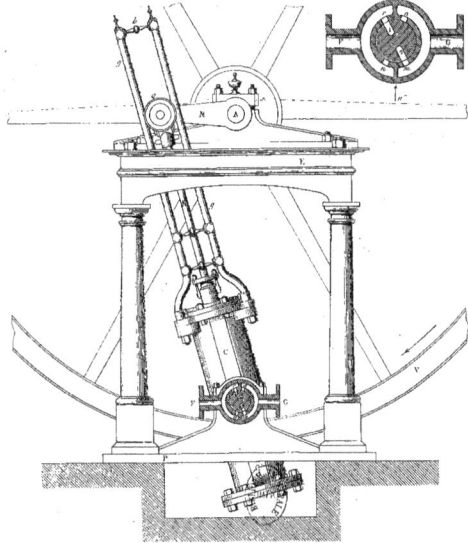

Savary del.   Gravé par J.Petitcolin et L.Chontant.

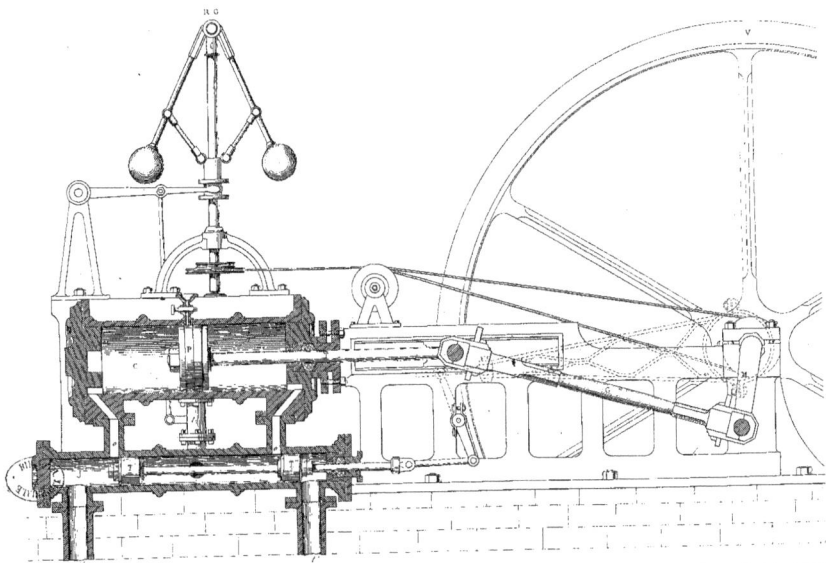

Machines Marines. Pl. VIII.

Gravé par J. Petitcolas et L. Chaumont

Tournier del.

PLANCHE IX

(Voir les §§ 101 à 110 pour toutes les figures de cette planche.)

Chaudière à haute pression, tubulaire, à flamme directe.

Fig. 1. — ÉLÉVATION ET COUPE TRANSVERSALE.

C, cendrier.

G, grille sur laquelle brûle le combustible.

H, cheminée.

V', coffre à vapeur.

t,t, tirants pour consolider les tôles.

e,e, entretoises pour consolider les parties intérieures dans les lames d'eau.

p, porte du cendrier pour régler la quantité d'air froid à introduire sous la grille.

Fig. 2. — COUPE SUIVANT L'AXE LONGITUDINAL D'UN FOURNEAU.

B, foyer où s'opère la combustion.

A, autel fendu, limitant la longueur de la grille.

L, boîte à feu.

PP', plaques à tubes sur lesquelles les tubes sont rivés.

D, boîte à fumée.

T, tubes entourés d'eau, dans lesquels passent la flamme et les gaz chauds à leur sortie du foyer.

V, coffre à eau.

V', coffre à vapeur.

Fig. 3. — ÉLÉVATION ET COUPE DE L'ARRIÈRE DE LA CHAUDIÈRE.

T, arrière des tubes. On communique à cette partie de la chaudière, pour nettoyer ou réparer les tubes, en ouvrant la porte circulaire figurée sur cette vue.

Chaudière tubulaire, à retour de flamme.

Fig. 4. COUPE LONGITUDINALE.

Fig. 5. ÉLÉVATION ET COUPE TRANSVERSALES.

C (fig. 4 et 5), cendrier.

v (fig. 5), portes de vidange ou autoclaves, par où l'on nettoie l'intérieur des chaudières (parties basses et surface de chauffe des foyers).

d' (fig. 4 et 5), portes des boîtes à fumée, que l'on ouvre pour ramoner ou écouvillonner les tubes.

FF' (fig. 5), tuyaux placés sur la boîte des soupapes d'arrêt, dirigeant la vapeur dans les machines.

K (fig. 4 et 5), soupape d'arrêt que l'on ouvre ou que l'on ferme à volonté, au moyen de la manivelle d, pour isoler ou mettre en communication les différents corps de chaudière.

l' (fig. 5), manivelle pour ouvrir ou fermer à la main la soupape de sûreté.

r (fig. 5), contre-poids chargeant la soupape au moyen du levier AR.

ed (fig. 5), soupape de sûreté. Lorsqu'elle est soulevée par la pression de la vapeur agissant suivant les flèches, ou par le mécanicien, au moyen du levier l, la vapeur s'échappe par le tuyau d'échappement O.

aa'a" (fig. 5), robinets de jauge.

p (fig. 5), robinet d'alimentation muni d'une soupape x; il est manœuvré au moyen de la clef m.

R (fig. 4), tuyau d'extraction directe et de prise d'eau.

f' (fig. 4 et 5), tube de jauge.

B (fig. 4 et 5), fourneaux.

G (fig. 4 et 5), barreaux de grille sur lesquels brûle le combustible.

T (fig. 4 et 5), tubes entourés d'eau, dans lesquels circulent la flamme, les gaz chauds et la fumée.

V (fig. 4 et 5), chambre à eau.

V' (fig. 4 et 5), coffre ou chambre à vapeur.

t (fig. 4 et 5), tirants intérieurs consolidant l'enveloppe des chaudières.

n (fig. 4 et 5), entretoises consolidant les lames d'eau des chaudières.

a (fig. 5), soupape atmosphérique s'ouvrant par la pression atmosphérique lorsque la pression de la vapeur dans la chaudière est plus faible que la pression de l'air.

M (fig. 5), manomètre.

H (fig. 4 et 5), cheminée.

b (fig. 5), tuyau et robinet d'extraction à la main ou extraction continue.

A (fig. 4), autel limitant la grille et le cendrier.

F (fig. 4), chambre ou boîte à feu.

P,P' (fig. 4), plaques à tubes où sont rivés les tubes T.

D (fig. 4 et 5), boîte à fumée.

R (fig. 4), robinet de prise d'eau au dehors du navire et d'extraction directe.

L (fig. 4), cloison percée de trous pour empêcher les projections d'eau.

Chaudière mixte ou à grands tubes, à retour de flamme.

Fig. 6. COUPE LONGITUDINALE.

Fig. 7. ÉLÉVATION ET COUPE TRANSVERSALES.

A, autel limitant la grille et le cendrier.

B, foyer où s'opère la combustion.

C, cendrier.

D, boîte à fumée.

EL, chambre à feu.

G, grille sur laquelle brûle le combustible.

H, cheminée.

T, grands tubes entourés d'eau, dans lesquels circulent la flamme, les gaz chauds et la fumée.

t, petits tubes ayant même destination que les grands tubes T.

V, chambre ou réservoir d'eau.

V', coffre à vapeur.

La flamme, les gaz chauds et la fumée suivent la direction indiquée par les flèches.

Fig. 1

Fig. 2

Fig. 7

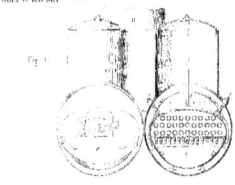

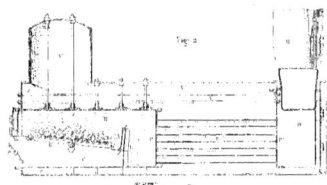

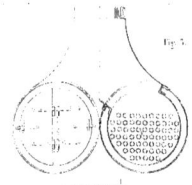

Fig. 3

Fig. 5

Fig. 4

Fig. 6

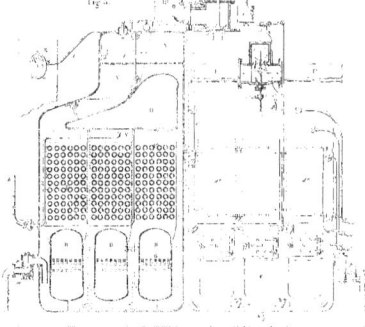

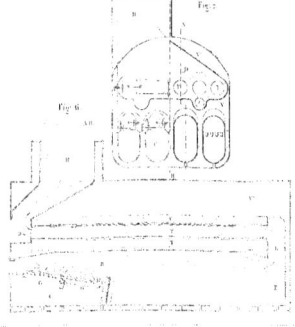

PLANCHE X

Chaudière à tombeau ou Chaudière de Watt.

Fig. 1. Coupe transversale et façade.
Fig. 2. Coupe longitudinale.
Fig. 3. Coupe horizontale au-dessus de l'autel.

La combustion s'opère sur la grille G, dans le fourneau *f*; la flamme et les gaz chauds se rendent d'abord dans la boîte à feu *f'*, suivent ensuite les carneaux ou galeries, comme l'indiquent les flèches placées sur la fig. 3, et aboutissent à la cheminée H qui dirige au dehors les gaz chauds et la fumée. Pendant le trajet des produits de la combustion, l'eau située dans les *lames d'eau m m*, et celle qui est en contact avec les surfaces de chauffe, s'échauffe et se vaporise; la vapeur vient occuper le coffre à vapeur V' V', pour être ensuite dirigée dans les cylindres de la machine en passant par le tuyau F.

LÉGENDE EXPLICATIVE.

A, autel limitant la grille et fermant le fond du cendrier.
C, cendrier.
E, robinet d'extraction et de prise d'eau.
F, tuyau de prise de vapeur.
f, foyer.
f', chambre à feu.
G, grille.
H, cheminée.
i, (fig. 1) flotteur indicateur.
m, lames d'eau.
n, entretoises.
O, tuyau d'échappement de la vapeur au dehors du navire.
t', (fig. 1) robinets de jauge.
t, tirants de consolidation.
V, réservoir d'eau.
V', coffre à vapeur.

(Voir du § 104 au § 110 pour l'explication des détails des chaudières.)

Chaudière à bouilleurs.

Fig. 4. Coupe transversale.
Fig. 5. Coupe longitudinale.

La combustion a lieu dans le foyer *f* (fig. 5), les produits échauffants (flamme, gaz), ainsi que la fumée, parcourent les galeries formées par les grands bouilleurs B et les petits bouilleurs *b*, comme l'indique la direction des flèches; le tirage a lieu par le cendrier C et par la cheminée H. — L'eau est contenue dans les bouilleurs *b* et B qui communiquent ensemble par les tuyaux L et par les manchons M (fig. 5). — La vapeur s'accumule dans la partie haute V' des grands bouilleurs et dans le coffre à vapeur V'.

LÉGENDE EXPLICATIVE.

A, autel.
B, grands bouilleurs.
b, petits bouilleurs.
C, cendrier.
E, tuyau qui communique à l'évacuation du cylindre, et qui dirige la vapeur, soit dans la cheminée, par le tuyau J (tirage forcé, § 141), soit directement au dehors par le robinet R.
f, foyer formé par le massif de maçonnerie *n n*, dans lequel la chaudière est renfermée. Ce massif est contenu, à son tour, dans une enveloppe en tôle, et il est assis sur les carlingues C L.
H, cheminée.
L, tuyaux de communication des petits bouilleurs entre eux.
S, soupape de sûreté.
V', coffre à vapeur.

Ces chaudières ne sont en usage que sur les bâtiments affectés à la navigation fluviale.

Fig. 1.

Fig. 2.

Fig. 3.

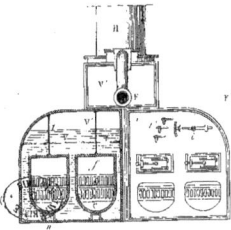

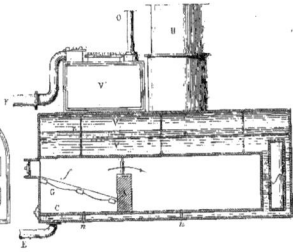

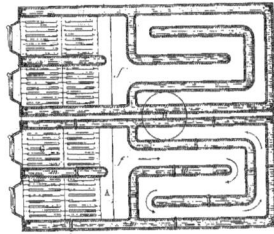

Fig. 4.

Fig. 5.

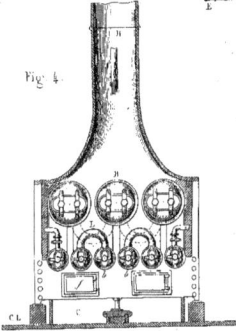

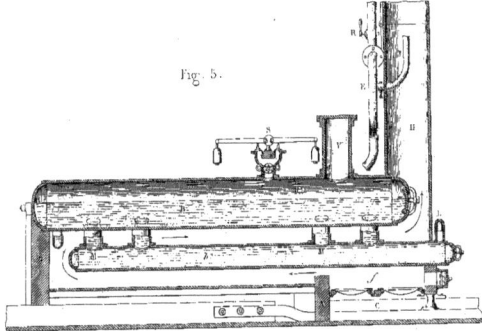

Grave par J. Pertraite et L. Chaumont.

PLANCHE XI

Chaudière de terre, dite Chaudière de Cornouailles.

Fig. 1. COUPE TRANSVERSALE.
Fig. 2. COUPE LONGITUDINALE.

Ce genre de chaudière a fourni les meilleurs résultats d'économie de combustible, auxquels on soit arrivé jusqu'à ce jour. Sa construction est basée sur le principe économique de la combustion lente. — Bien que ce genre de chaudière ne puisse être appliqué à la navigation, nous en avons placé ici deux vues faciles à lire, afin de fixer les idées au sujet des *Chaudières de Cornouailles*, que l'on cite toujours comme exemple dans tous les ouvrages qui traitent des machines à vapeur.

LÉGENDE EXPLICATIVE.

b, foyer.

A, autel en maçonnerie.

b′, petit bouilleur situé dans la première galerie de chauffe; il communique au grand bouilleur B et au tube réchauffeur qui forme la deuxième galerie R destinée à conduire les gaz chauds dans la cheminée. — Ces gaz et la fumée suivent la direction indiquée par les flèches et reviennent à l'avant de la chaudière pour passer dans le conduit qui aboutit à la cheminée placée à distance de l'appareil. Une seule cheminée est affectée à plusieurs chaudières plus ou moins éloignées. Comme on le voit dans la fig. 1, l'eau contenue dans la chaudière est chauffée par tous les points des surfaces des chaudières, puisque les galeries intérieures b, les galeries extérieures g g′, R R′ communiquent ensemble et donnent passage aux produits *échauffants* de la combustion.

L, tuyau d'alimentation.

T, tuyau de prise de vapeur.

PLANCHE XII

Chaudière de terre, à haute pression (*du type le plus simple*).

Fig. 1. VUE DANS LE SENS DE L'ÉLÉVATION, en coupant seulement la maçonnerie dans laquelle la chaudière est posée.

Fig. 2. COUPE TRANSVERSALE.

(*Voir* l'explication détaillée § 91, page 39.)

Fig. 1.

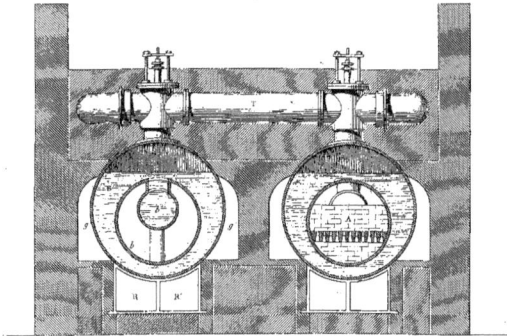

Fig. 2.

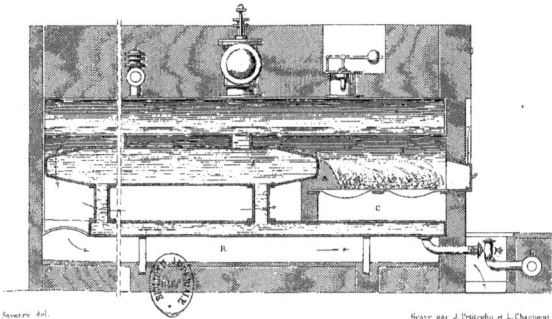

Fig. 1

Fig. 2

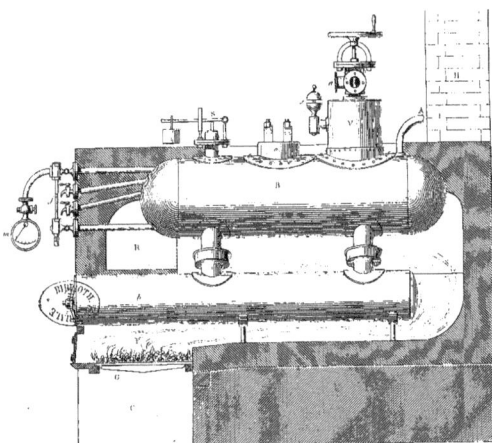

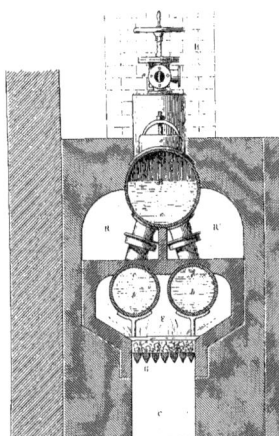

Sauvary del.

Gravé par J.Pruteaba et L.Chaumont.

Machines Marines, Pl. XII.

PLANCHE XIII

Fig. 3. Piston a garnitures mixtes. *Coupe verticale et coupe horizontale.*

Le corps du piston B est percé de part en part, en son milieu, d'un trou conique pour recevoir la tige du piston (*Voir* fig. 4); il porte en outre une engoulure où sont logées les garnitures métalliques $g\,g$. Celles-ci sont maintenues par la couronne C fixée sur le corps du piston par des boulons $b\,b$ (fig. 3). La *garniture mixte* consiste en une ou deux couronnes de toron tressés $n\,n$, placées entre le corps du piston B et les garnitures métalliques; la couronne C, en forme de presse-étoupe, comprime les garnitures en toron, qui aplatent alors pour faire descendre, pour donner de la tension aux garnitures $g\,g$. — Ce mode de garniture est rarement employé, parce que les toron se brûlent ou ne conservent pas assez longtemps leur élasticité; on les remplace quelquefois par des lanières de caoutchouc, qui sont de plus de durée.

Fig. 4. Piston a garnitures métalliques composées de plusieurs segments.

Chaque segment 1, 2, 3, 4, 5, 5, est appuyé contre la paroi du cylindre par les ressorts S que l'on tend plus ou moins au moyen des boulons N, N (§ 239). La tige K du piston est emmanchée à chaud dans le piston, et s'y trouve maintenue par la clavette t. — Le plus souvent cette clavette est supprimée et remplacée par un écrou (fig 3). *Voir* le § 240, page 118.

Fig. 5. Piston a garnitures métalliques d'une seule pièce. (*Voir* le § 239, page 118.)

Fig. 6. Coupe de la boite du tuyau de trop-plein des bâches. (§ 262, page 185.) M, muraille du navire.

V, registre que l'on ouvre au moyen d'une clef à main agissant sur la tige n.

S, soupape fermant du dehors en dedans du navire. Elle est manœuvrée au moyen de la manivelle m. La collerette qui termine la boite de trop-plein à l'intérieur du navire fait jonction avec le tuyau qui aboutit à la bâche.

k, trou d'homme pour aller visiter l'intérieur de la boite.

Fig. 7. Coupe verticale de la boite a tiroir et de la boite a détente, système à tiroir (*Voir* le § 438, page 197.)

Fig. 8. Exemple d'un mécanisme a détente, à cames. *Coupe verticale.*

L'arbre de la machine porte des cames ou excentriques $m\,m'$ à courbes plus ou moins prolongées, qui viennent passer sous le galet C; ce galet est alors relevé, et il relève à son tour le cadre C et la soupape S, par la tige K. Plus la came est longue, plus longtemps la soupape S reste ouverte, et comme la vapeur qui arrive dans la boite B par l'orifice P ne peut pénétrer dans la boite a tiroir sans passer par le conduit F, il s'ensuit que la durée de l'introduction est réglée par la longueur de la came qui est en prise avec le galet C. On fait varier la détente, à la main, en motivant le galet sur une came ou sur une autre et au moyen d'une vis de rappel qui agit sur l'axe du galet. Ce mouvement de détente est particulièrement appliqué aux machines oscillantes.

Fig. 9. Système de détente a recouvrement et a tiroir a plaques mobiles.

Dans la boite a tiroir de la machine, la vapeur ne s'introduit qu'en passant par les deux orifices $o\,o'$ de la boite a détente; les deux plaques $p\,p'$ ferment plus tôt ou plus tard ces orifices, suivant qu'elles sont plus ou moins éloignées l'une de l'autre, l'écartement ou le rapprochement de ces plaques bb' obtenu au moyen de la vis V qui agit sur la tige t; le bout de cette tige est taraudé avec un pas à gauche en g dans la partie qui porte la plaque p', et il est taraudé avec un pas à droite d a dans la partie qui porte la plaque p. De cette disposition il résulte qu'en tournant la vis V, et par suite la tige t, les deux plaques marchent dans le même sens ou en sens contraire, s'éloignent ou se rapprochent, suivant que l'on tourne à droite ou à gauche. Le tiroir

de détente est mis en mouvement par un système de levier dont le centre est en M, et par un excentrique fixé sur l'arbre moteur A de la machine. Lorsqu'on veut supprimer la détente, on déclenche la bielle b, au moyen du déclancheur n, en ayant soin de laisser les deux orifices $o\,o'$ ouverts entièrement.

Les machines à bielles renversées (pl. V, fig.1) ont un mouvement de détente analogue à celui que nous venons de décrire; seulement, les deux plaques $i\,i$, au lieu d'agir contre la boite a tiroir J, agissent contre le tiroir de distribution T percé de part en part de deux orifices $p\,p$, où doit passer la vapeur pour se rendre dans le cylindre. L'écartement ou le rapprochement des plaques $i\,i$ est obtenu en tournant le volant A; la fraction de détente est indiquée par le petit fléche d, qui marche avec la vis sur une échelle graduée.

Fig. 10. Système de détente a tiroir percé et a force.

La boite a tiroir J est précédée de la boite à détente J' dans laquelle la vapeur arrive par le tuyau F; tout le système est placé sur le côté du cylindre, et cette figure en est une coupe suivant un plan horizontal. Le tiroir de détente D percé de part en part de 8 orifices, comme est percé le dessus de la boite a tiroir J, est poussé de gauche à droite par la vapeur, qui agit seulement sur un côté du petit piston p fixé à sa tige N. Ce même tiroir est repoussé de droite à gauche par les cames i, fixées sur l'arbre moteur A, lorsque les cames en tournant avec l'arbre rencontrent le bout de la tige N, qui appartient au cylindre p et au tiroir D. Ce mouvement de va-et-vient détermine l'ouverture et la fermeture des orifices par où la vapeur de J' peut pénétrer en J; la longueur de la came s'obtient la durée de l'ouverture de ces orifices, et par conséquent la période d'admission de la vapeur dans le cylindre, quelque grande que soit la durée d'admission du tiroir T. Pour changer la détente, on fait avancer ou reculer sur l'arbre A le manchon a cames i, à l'aide d'une installation figurée en ff; pour la supprimer, on pousse la clavette L contre laquelle vient

buter la tige N du petit piston; ou bien encore on ouvre le robinet z, qui met la face d du piston p en communication avec la vapeur; dans ce cas il y a équilibre de pression des deux côtés de cet organe, et le tiroir D reste ouvert.

Le secteur de Stephenson peut servir d'organe de détente variable au même temps que de distributeur direct. Afin de bien comprendre comment cela peut avoir lieu, rappelons l'action et le mouvement de ce mécanisme (pl. III).

Le secteur S se meut sous l'action des excentriques O'O, qui sont fixés sur l'arbre moteur, de manière que leur grand rayon F forme environ un angle de 90° — 30° (angle d'avance) avec le rayon i de la manivelle. Si le secteur est élevé de manière que le coussinet Q soit commandé le tiroir), en glissant dans la coulisse, se trouve vis-à-vis le point de suspension U, le secteur sera sollicité à ses deux extrémités par les leviers égaux EE', et il oscillera sur le coussinet Q comme sur un axe fixe, sans que le coussinet se déplace; le tiroir ne sera, tiré dans aucun sens et la distribution de la vapeur n'aura pas lieu. Si, au contraire, on abaisse le secteur au moyen de la roue M, et on manœuvre que le coussinet Q arrive à l'extrémité supérieure vis-à-vis la bielle E', la corde de l'arc décrit par ce point du secteur sera égale à l'excentricité du chariot O, et, par conséquent, toute la course de l'excentrique sera utilisée pour la marche de la vapeur. Même effet obtiendra si le coussinet Q est amené vis-à-vis la bielle E', mais avec sens contraire. D'après ce que nous venons de dire, plus le coussinet Q sera voisin du point de suspension U, moins grande sera la corde de l'arc qui l'entraînera, ci, moins grande sera la course du tiroir; il ne découvrira donc qu'une fraction des orifices de vapeur et il les fermera plus tôt. La détente sera ainsi obtenue. Au moyen du petit levier placé au-dessous de la bâche à crémaillère B', et qui sert à fixer cette bielle, on arrête le secteur à l'une quelconque des positions qui placent le coussinet Q soit au-dessus, soit au-dessous du point mort U, et on peut ainsi faire varier la détente en faisant varier la course du tiroir.

Ce système de détente est employé sur les locomotives, parce qu'il est prompt comme effet et de maniement facile, avantages sérieux pour ces machines qui doivent pouvoir instantanément ou ralentir, ou augmenter, ou rétrograder la marche. Il a été employé dans les appareils moteurs des batteries flottantes, à l'exclusion d'un mouvement spécial de détente, et il peut être mis en usage dans toutes les machines munies d'un distributeur à secteur. Mais un mécanisme de détente spécial est préférable au double emploi du secteur, en ce sens que la réduction de la course du tiroir, en diminuant la section des orifices d'admission et d'échappement de la vapeur, fait que la vapeur est coupée, que sa pression est notablement diminuée et que son évacuation est retardée. Cette considération importante justifie l'adjonction d'une détente variable aux machines marines dont le tiroir est mû par la coulisse de Stephenson.

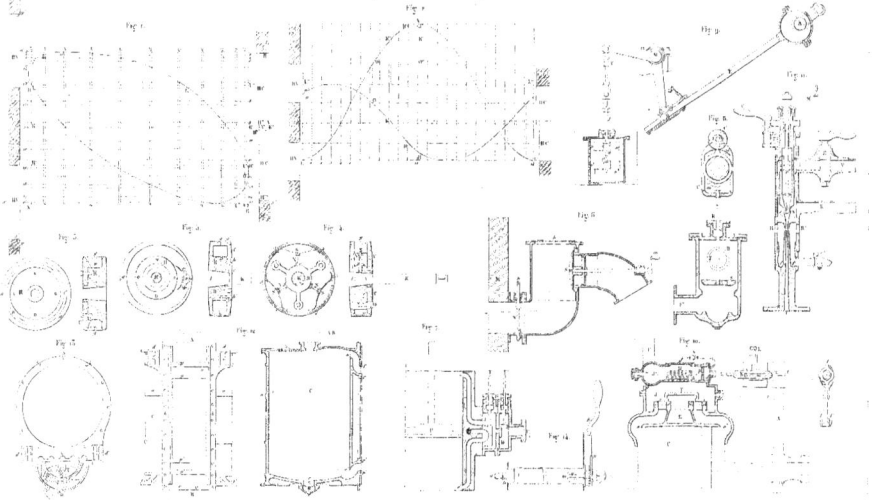

Fig. 1.

Fig. 2.

Fig. 9.

Fig. 10.

Fig. 8.

Fig. 11.

Fig. 3.

Fig. 4.

Fig. 5.

Fig. 6.

Fig. 7.

Fig. 13.

Fig. 14.

Fig. 15.

Bateau à vapeur à roues.

Fig. 1. Coupe transversale d'un bâtiment à vapeur, a roues.

A, arbre intermédiaire (§ 282).

A'A', arbres extérieurs (§ 282).

B, tambour ou cage des roues.

b, tirant de consolidation des rayons des roues.

c, clavette qui fixe le disque q sur l'arbre A'.

E, entretoises de consolidation.

f f, manivelles de l'arbre intermédiaire (§ 282).

f'f', manivelles des arbres extérieurs (§ 282).

G, grande bielle de la machine.

B T, bâtis coupés de la machine.

h, m, r, se rapportent à une réparation indiquée page 209, § 396.

L, passerelle de commandement.

l, l, plaques en fer placées sous les écrous des boulons des roues.

N, pont du bâtiment.

O, H, O' (fig. 1 et 2), chaises des roues.

p (fig. 1 et 2), pales en une seule partie.

p², p¹, p³ (fig. 1 et 2), pales en trois parties tenues sur les rayons au moyen du système à la Dupouy (§ 291 et 297).

P, paliers des arbres.

q, disque ou tourteau des roues.

R R',R'' (fig. 1 et 2), rayons des roues.

S et S' (fig. 1 et 2), cercles des roues.

X X', chariots d'excentrique (§ 270).

Fig. 2. Élévation de la roue a aubes, dont la coupe est représentée dans la fig. 1.

J K, ligne verticale qui correspond au plus grand moment de la force utile de l'aube (§ 285).

p³, p⁴, aubes en deux parties.

p, c, crochet des roues pour maintenir la pale sur les rayons (détail c, fig. 6).

(Les autres lettres ont leur indication dans la légende de la fig. 1.)

Fig. 3. Vue d'une partie de la roue a aubes mobiles (§ 287, page 140).

L'excentrique E fixé sur l'arbre extérieur A porte des rayons g qui, étant rappelés ou poussés suivant que le grand rayon de l'excentrique s'écarte ou se rapproche d'eux, font osciller les pales p, sur lesquelles ils agissent par le levier l. — R et R' sont les rayons fixes de la roue, tenus sur le tourteau T et maintenus dans leur écartement par le cercle S. — Il est le levier directeur qui maintient le chariot de l'excentrique dans une position déterminée et correspondant à la plus grande verticalité des aubes, pendant une révolution entière de la roue.

Fig. 4. Aube mobile sur deux tourillons (§ 287).

Fig. 5. Aube percée (§ 291).

Fig. 6. Détail du système Dupouy, pour la tenue des aubes sur les rayons.

t, taquet en bois dans le milieu duquel l'écrou à té n est passé en traversant la pale. Les deux tenons rentrent dans les deux parties des aubes situées sur le même côté du rayon (voir le détail n t de la fig. 2), et maintiennent ces aubes fixes; on desserrant le seul écrou à oreille e, on desserre en même temps les trois parties qui constituent la pale. — Chaque pale porte trois taquets de ce genre (fig. 1, détail p², p¹). C est un crochet ordinaire pour le serrage des pales (détail p, c, fig. 2).

Fig. 7. Palier des arbres (§ 280, page 136).

Fig. 8. Tracé de la figure pour faire une vis sans filière (Voir le renvoi 1 de la page 190).

Fig. 9. Moyen de faire un pas de vis a droite ou a gauche avec la même filière (Voir le renvoi 2 de la page 190).

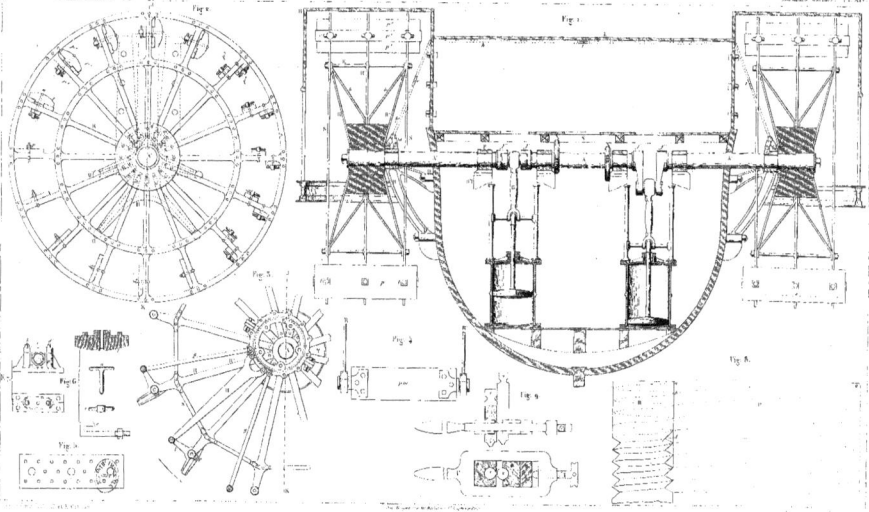

LACROIX et BAUDRY, Éditeurs

Fig. 1.

Fig. 3.

Fig. 5.

Fig. 6.

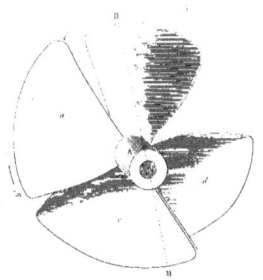

Fig. 2.

Fig. 4.

Fig. 11.

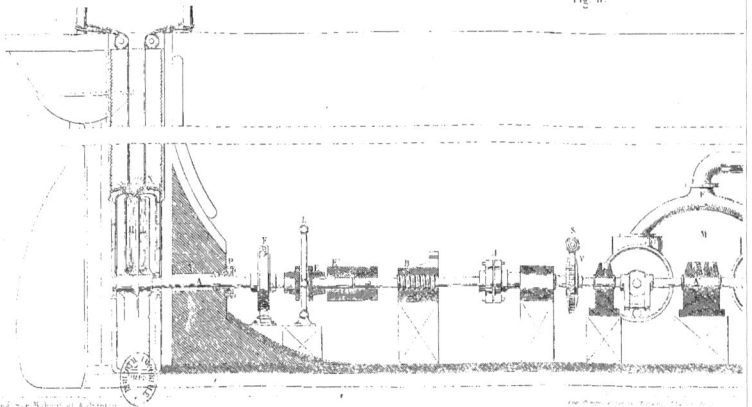

Dessiné par Robert et Chenin

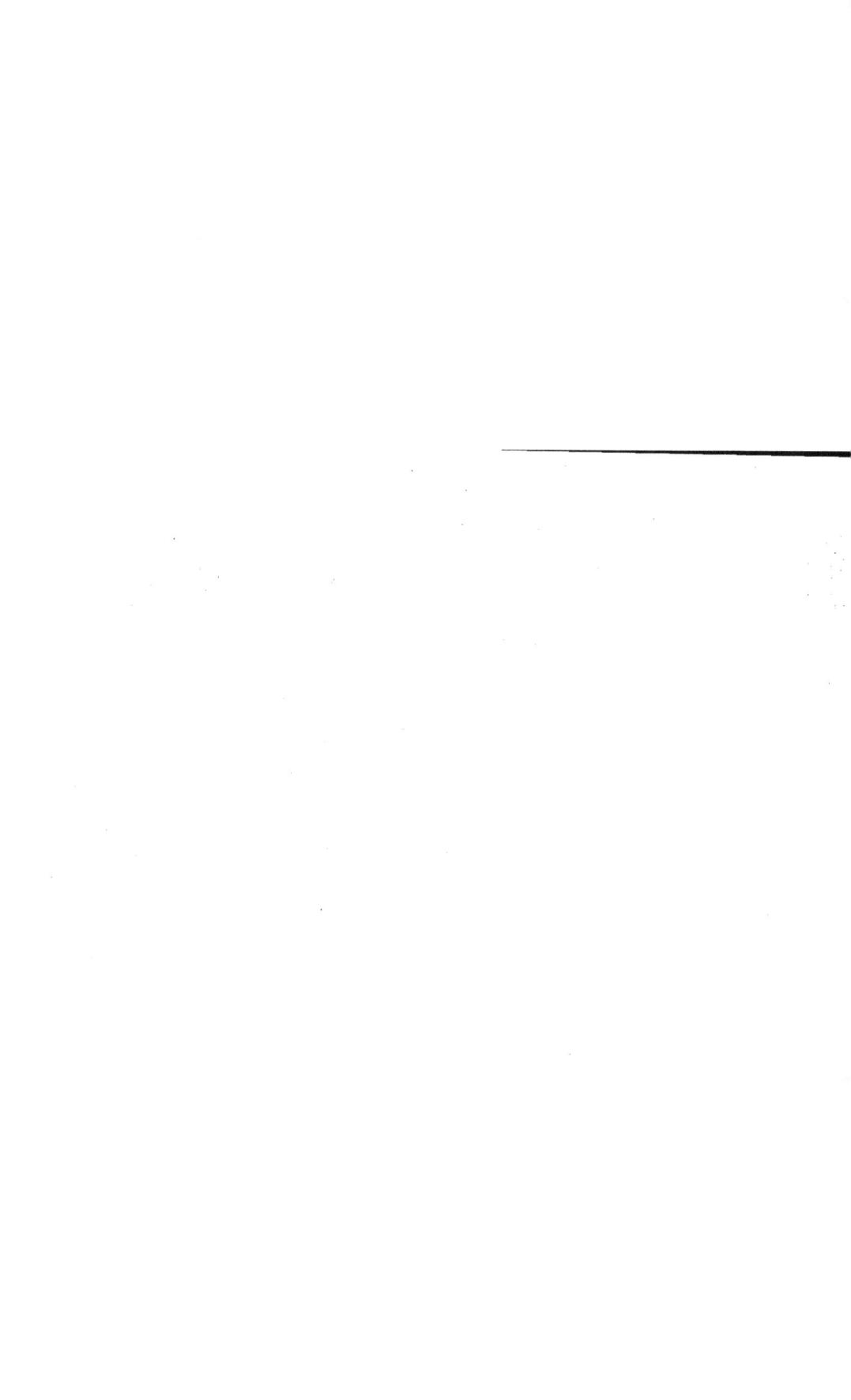

PLANCHE XVI

Appareil de remontage. — Emmanchement de l'hélice.
Butées.

Fig. 1. Élévation de l'appareil de remontage (§ 329).
    1 *bis.* Plan de l'emmanchement à Té (§ 325).
    1 *ter.* Coupe dans l'emmanchement à Té (§ 325).
    2. Vue de face de la bielle N du cadre T.
    3. Vue de face de la bielle N′ du cadre T.

Fig. 4. Élévation de l'emmanchement à rentrée ou emmanchement hexagonal (§ 323).
    5. Plan   Id.   Id.

LÉGENDE DES FIG. 4 et 5.

V r, vireur (§ 313).
J, $h h' i$, joint universel (§ 319).
B, Palier de butée à collets (§ 311).
P′, palier de support, ordinaire (§ 317).
M E, Manchon de rentrée de l'arbre extérieur (§ 324).
d, clavette de butée de l'arbre extérieur (§ 324).
t, clef à rochet pour la rentrée de l'arbre (§ 324).
$p p'$, roues dentées communiquant ensemble au moyen de la chaîne à la Vaucanson, et agissant sur la traverse t au moyen des vis vv' (§ 324).
1, 2, clavettes de l'arbre entraînant le manchon.
f, frein de l'arbre (§ 318).
P, presse-étoupe de l'arbre (§ 315).
A, arbre extérieur (§ 324).
b, emmanchement polygonal de l'arbre dans le moyeu de l'hélice (§ 323).
C C′, cadre de l'hélice (§ 329).
H L, hélice.

Fig. 6. Butée à rondelles (§ 310).
    7, 8 et 9. Butée à collets (§ 311).

Fig. 1.

Fig. 2.

Fig. 3.

Fig. 6.

Fig. 4.

Fig. 8.

Fig. 9.

Fig. 5.

Fig. 7.

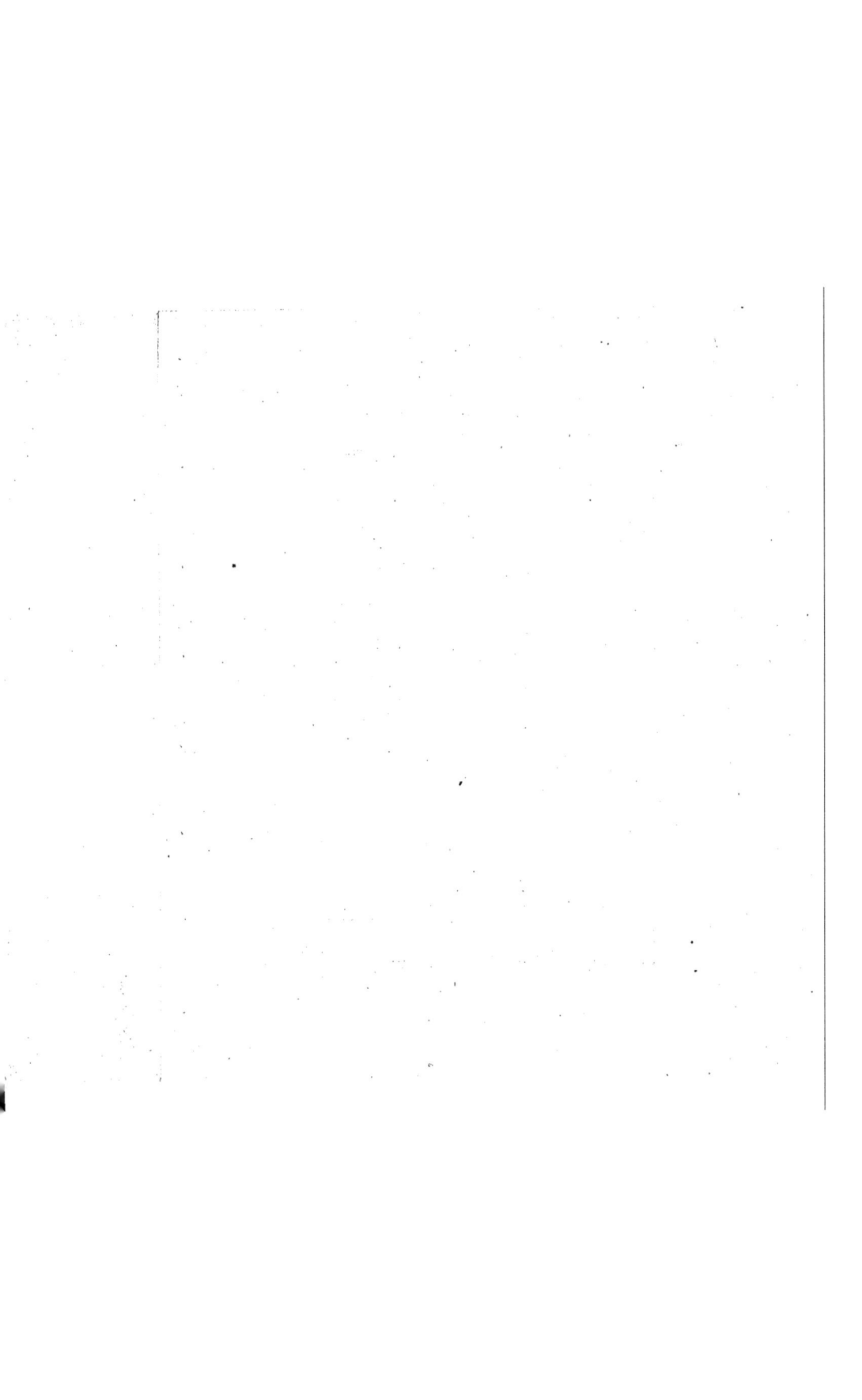

Divers systèmes de machines AU POINT DE VUE DU MÉCANISME.

MACHINES A CYLINDRES FIXES INCLINÉS EN HAUT, A MOUVEMENT A ENGRENAGES, A CONNEXION DIRECTE.

Fig. 1. ÉLÉVATION.
2. PLAN HORIZONTAL.

Les cylindres C sont inclinés à 45°; ils portent leur boîte à tiroir J dans laquelle aboutit le tuyau de vapeur F; — la tige du piston K donne le mouvement à l'arbre moteur par l'intermédiaire de la grande bielle G; cette tige est guidée dans les glissières g,g. — La grande roue dentée N commande le pignon A' fixé sur l'arbre du propulseur; le mouvement de la pompe à air P' a lieu au moyen de la manivelle m et de la bielle b; les pompes alimentaires pp sont mues par un balancier qui reçoit son mouvement de la bielle b.

A, arbre moteur.

L, arbre des tiroirs qui sont mis en mouvement par les excentriques o,o.

Y, condenseur.

B, bâche.

t, tuyau de décharge des bâches.

ee, conduits d'arrivée et d'évacuation de la vapeur.

(*Voir* le § 199.)

MACHINE OSCILLANTE, HORIZONTALE A QUATRE CYLINDRES.

Fig. 3. ÉLÉVATION.
4. PLAN HORIZONTAL.

Les cylindres C oscillent sur les tourillons T; les pistons agissent deux à deux sur la même manivelle par leur tige KK'. Les pompes à air P' sont mues par le vilebrequin V et sont situées au-dessus des condenseurs Y. Lorsque le propulseur est une hélice, l'arbre moteur A porte dans son prolongement une roue dentée qui engrène avec le pignon de l'arbre de l'hélice. Le mouvement est donné au tiroir au moyen des excentriques e (fig. 4) et du levier m

(fig. 3). Ces tiroirs sont renfermés dans leurs boîtes J.

(*Voir* le § 202.)

MACHINES A CYLINDRES FIXES ET INCLINÉS EN BAS.

Fig. 5. ÉLÉVATION.
6. PLAN HORIZONTAL.

Le cylindre C porte la boîte à tiroir J; le tiroir reçoit son mouvement par l'intermédiaire d'un excentrique; la tige K du piston P communique directement aux manivelles au moyen d'une grande bielle; cette même tige communique le mouvement à la pompe à air P' et à la pompe alimentaire p par l'intermédiaire d'une crosse s. La roue dentée V engrène avec le pignon qui porte l'arbre du propulseur. A l'extrémité E de l'arbre moteur A sont situées les excentriques du tiroir et ceux de la détente.

(*Voir* le § 199.)

MACHINES A PILON, A BIELLES DIRECTES.

Fig. 7. ÉLÉVATION.
8. PLAN HORIZONTAL.

Le cylindre C, supporté par les bâtis B', est élevé au-dessus de l'arbre moteur A; la tige du piston K, guidée dans deux glissières, donne le mouvement à la manivelle de l'arbre moteur par l'intermédiaire de la grande bielle G. La boîte à tiroir J est située entre les deux cylindres. — Les pompes à air P et les pompes alimentaires p reçoivent leur mouvement du balancier v. Les condenseurs Y communiquent à la boîte à tiroir par le conduit e.

B, bâche.

t, tuyaux de décharge des bâches.

t', tuyau d'évacuation de l'air comprimé dans la bâche.

j, tuyau d'injection.

l, levier de mise en marche.

(*Voir* les §§ 207 et 208.)

Fig. 1.

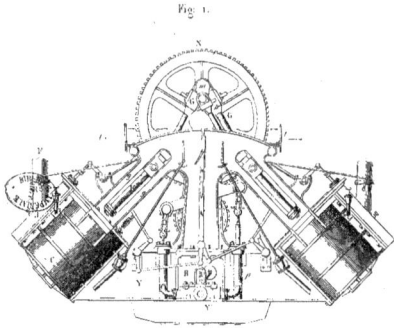

Fig. 2.

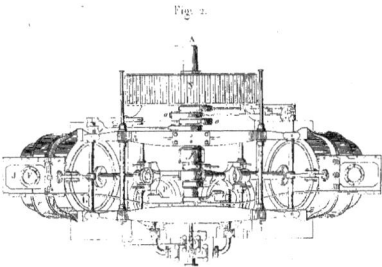

Fig. 5.

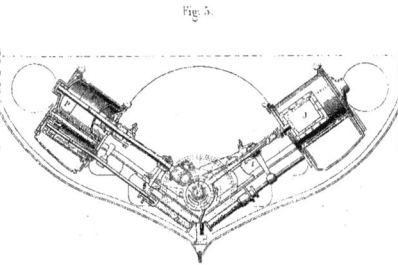

Fig. 6.

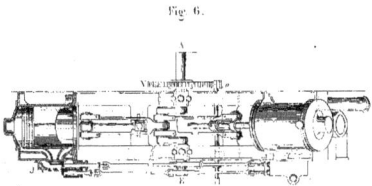

Fig. 3.

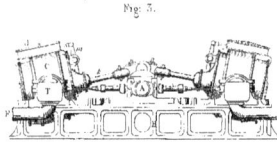

Fig. 4.

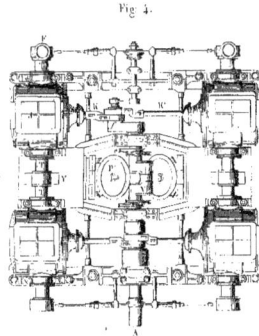

Fig. 7.

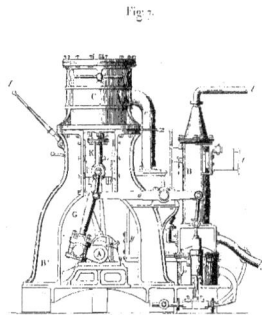

Fig. 8.

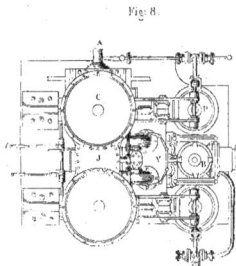

PLANCHE XVIII

Réparations des pièces de machines.

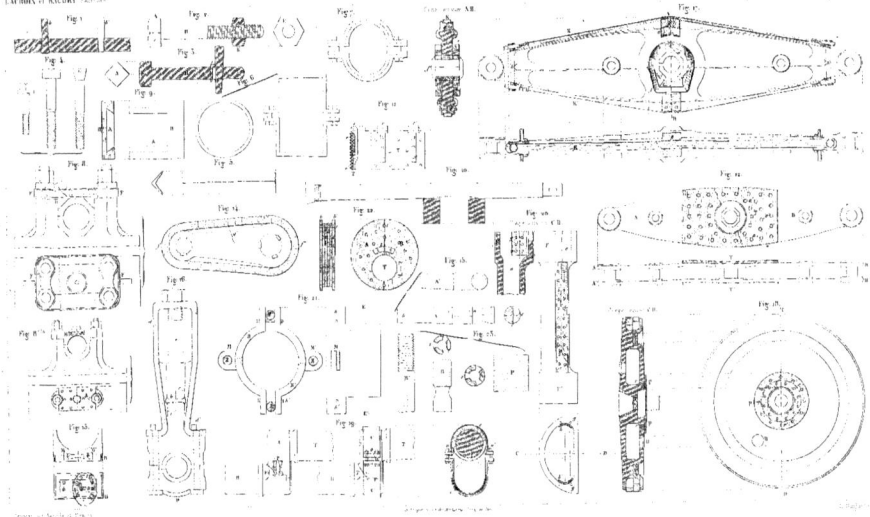

Fig. 1. Fig. 2. Fig. 3. Fig. 4. Fig. 5. Fig. 6. Fig. 7. Fig. 8. Fig. 9. Fig. 10. Fig. 11. Fig. 12. Fig. 13. Fig. 14. Fig. 15. Fig. 16. Fig. 17. Fig. 18. Fig. 19.

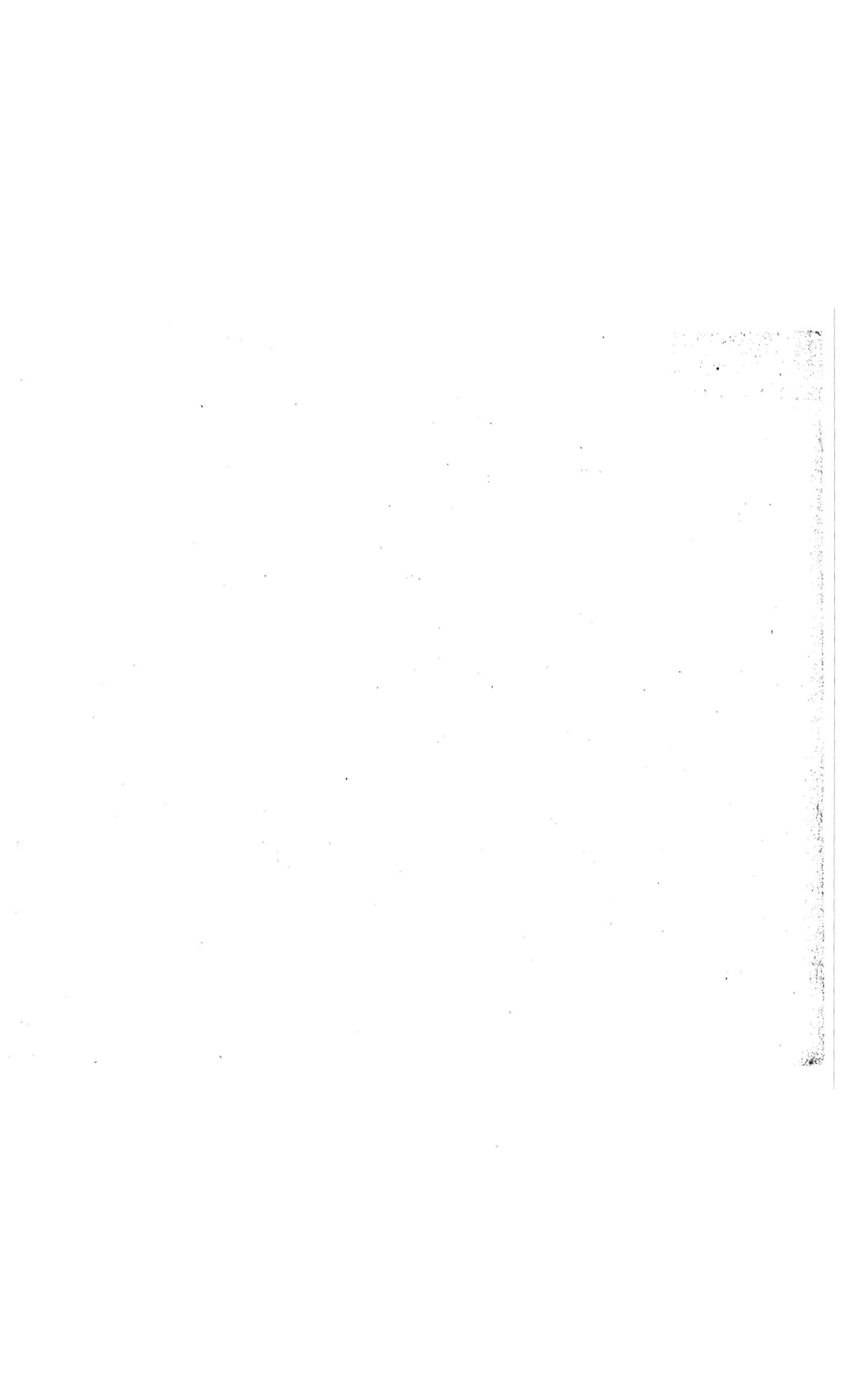

PLANCHE XIX

Indicateurs magnétiques pour niveaux d'eau. — Sifflets d'alarme.

Nota. Bien que cette planche, extraite de notre Code de l'acheteur, ne soit pas complétement nécessaire dans cet atlas, nous avons dû l'y faire figurer afin de donner une idée des indicateurs magnétiques. — Suivant l'opinion générale, ces indicateurs remplissent leur but beaucoup mieux que les indicateurs ordinaires (*Voir* le § 514, page 332).

Fig. 1. Ensemble d'un indicateur magnétique.

Ce modèle permet une course de 30 centimètres au flotteur; il est monté sur une chaudière à vapeur; il est muni d'une soupape de sûreté, de deux sifflets avertisseurs et d'un manomètre.

Fig. 2. Détail sur une plus grande échelle de la pièce à fourche, garnie de l'aimant, reliée à la tige du flotteur.

Fig. 3. Section de la boîte, suivant la ligne 1 — 2 de la fig. 1.

Fig. 4 et 5. Vue extérieure et en section verticale d'un second modèle indicateur dépourvu de soupape de sûreté et dont la course est de 21 centimètres.

Fig. 6. Détails en coupe, sur une plus grande échelle, d'un des sifflets avertisseurs et du mécanisme automatique qui le fait fonctionner.

Fig. 7. Vue de face du petit modèle d'indicateur simple du niveau de l'eau, avec une course de 15 centimètres seulement.

Fig. 8. Indicateur pour chaudière à foyer intérieur.

Il est de même dimension que le précédent, mais muni d'un sifflet, d'un manomètre et d'une soupape.

Fig. 9. Plan du même indicateur vu en dessus.

Fig. 10. Indicateur occupant une moindre hauteur que celui représenté fig. 8 et 9.

Il est garni de deux soupapes à contrepoids agissant sous l'intermédiaire d'un levier.

Fig. 11. Indicateur du niveau de l'eau pour chaudières de bateaux ou chaudières tubulaires.

Fig. 12. Vue extérieure d'une soupape de sûreté ordinaire.

Fig. 13. Dispositions particulières du flotteur à contre-poids, avec sifflet avertisseur.

Fig. 14. Sifflet avertisseur applicable à toute espèce de chaudières à vapeur.

Fig. 15. Sifflet a quatre cylindres réunis.

La puissance de ce sifflet est considérable, et on peut l'augmenter ou la diminuer au moyen d'obturateurs, afin de graduer les sons. Des sifflets de ce système sont adoptés sur des bateaux à vapeur de la marine impériale, pour prévenir les abordages.

PARIS. — IMPRIMERIE DE J. CLAYE, RUE SAINT-BENOIT, 7.

NOUVEAUX APPAREILS POUR CHAUDIÈRES A VAPEUR brevetés de LETHUILLIER-PINEL, Ing.r mecien à ROUEN

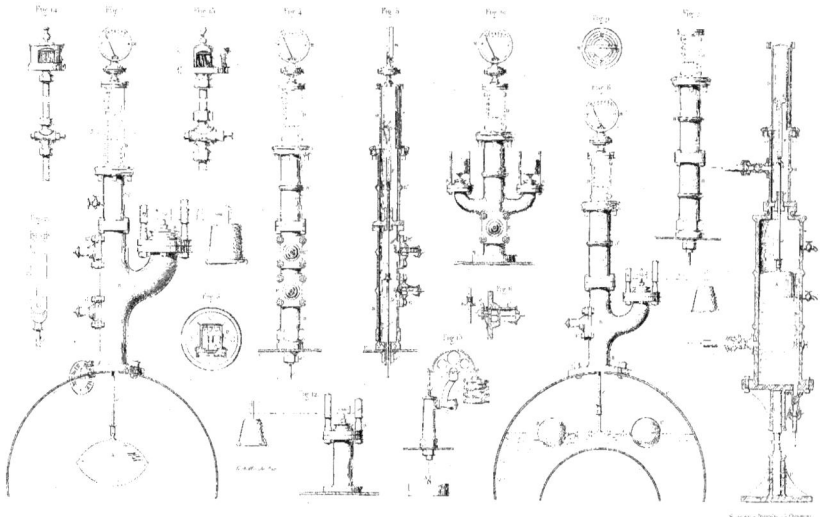

www.ingramcontent.com/pod-product-compliance
Lightning Source LLC
Chambersburg PA
CBHW071254200326
41521CB00009B/1767